Rohit Chauhan
Saroj Pathania
Parnia Forouzandeh

Do dióxido de carbono a produtos valiosos

Rohit Chauhan
Saroj Pathania
Parnia Forouzandeh

Do dióxido de carbono a produtos valiosos

ScienciaScripts

Imprint

Any brand names and product names mentioned in this book are subject to trademark, brand or patent protection and are trademarks or registered trademarks of their respective holders. The use of brand names, product names, common names, trade names, product descriptions etc. even without a particular marking in this work is in no way to be construed to mean that such names may be regarded as unrestricted in respect of trademark and brand protection legislation and could thus be used by anyone.

Cover image: www.ingimage.com

This book is a translation from the original published under ISBN 978-620-2-05460-7.

Publisher:
Sciencia Scripts
is a trademark of
Dodo Books Indian Ocean Ltd. and OmniScriptum S.R.L publishing group

120 High Road, East Finchley, London, N2 9ED, United Kingdom
Str. Armeneasca 28/1, office 1, Chisinau MD-2012, Republic of Moldova, Europe
Printed at: see last page
ISBN: 978-620-7-69446-4

ABSTRATO

O foco deste relatório foi converter o CO2 em um produto valioso a partir de um fluxo de biogás, criado pela digestão anaeróbica do esterco de vaca. O fluxo de biogás relacionado foi atualizado através da remoção de H2S através de carvão ativado e o CO2 foi extraído através de absorção de oscilação de pressão. O CO2 extraído poderia então ser sintetizado em vários produtos valiosos, como metano, metanol, ácido fórmico ou etilenoglicol. Como todos os processos requerem quantidades relativamente elevadas de hidrogénio, o metano obtido é queimado para produzir electricidade, designado para electrólise, enquanto o excesso de calor ainda não foi utilizado, mas poderia facilitar o aquecimento urbano para habitações residenciais ou outras aplicações industriais. Dos produtos valiosos, o metanol e o ácido fórmico são os candidatos mais promissores, pois são viáveis e economicamente atraentes, onde o ácido fórmico é mais interessante devido ao seu alto valor de mercado e às perspectivas futuras dentro das células de combustível.

ABREVIATURAS

CHP	Combined heat and power
CO₂	Carbon dioxide
FA	Formic acid
LLE	Liquid-Liquid extraction
LLI	Liquid Light Incorporation
MEA	Monoethanolamine
MEG	Monoethylene glycol
PSA	Pressure swing absorption
ROI	Return on investment
TOA MNaph	Tetraoctyl ammonium 2-methyl-1-naphthoate
TS	Total solid
VOC	Volatile organic acids

ÍNDICE:

CAPÍTULO 1

INTRODUÇÃO

Tem sido dada maior atenção política à redução das emissões de gases com efeito de estufa após o acordo climático de Paris em 2015. O principal objetivo a longo prazo deste acordo é limitar o aumento da temperatura global bem abaixo dos 2°C em comparação com a era pré-industrial (Europa). Comissão, 2016). Como resultado, os governos estão a estimular processos onde pelo menos as emissões de dióxido de carbono (CO2) sejam neutras. Com neutro significa que as emissões não contribuem para o aquecimento global (DBO, 2013). Uma forma de se tornar neutro em termos de CO2 é capturar CO2 e utilizá-lo para produtos valiosos. Produtos valiosos do CO2 podem ser metano, ácido fórmico (FA), metanol e etilenoglicol. Além do facto de a captura de CO2 dos fluxos de resíduos neutralizar o aquecimento global, também pode ser benéfico do ponto de vista das vendas. Produtos valiosos produzidos num processo amigo do ambiente podem ser rotulados com um certificado verde (Ecolabels, 2017). Os preços destes produtos verdes são significativamente superiores aos preços dos produtos convencionais. Para ilustrar: o preço verde do monoetilenoglicol (MEG) é de 1.400 €/tonelada contra 974 €/tonelada do MEG convencional (Ganesh, 2016). Neste relatório, a viabilidade desses valiosos produtos de CO2 foi avaliada para uma central de 1 MW na parte norte dos Países Baixos. As tecnologias de ponta para os quatro produtos valiosos são investigadas e comparadas financeiramente entre si. O processo do produto mais promissor é discutido em detalhes.

A Figura 1 apresenta uma visão geral da produção de produtos de alto valor a partir de estrume de vaca. O CO2 utilizado neste relatório provém do biogás. O biogás é, neste caso, o produto da digestão anaeróbica do esterco de vacas em lactação. As vacas em lactação foram escolhidas por serem as mais representativas na Holanda (AHDB, 2013). Em geral, o biogás proveniente do esterco de vacas em lactação contém 57% de metano (Gebrezgabher et al., 2010), 38% de CO2 (Mes et al., 2003) e pequenas quantidades de nitrogênio, oxigênio, sulfeto de hidrogênio e amônia. O CO2 é separado do metano antes de ser transformado em produtos de alto valor. O metano separado pode ser usado para combustão para gerar eletricidade necessária para a produção de produtos de alto valor. Além disso, o CO2 como produto residual da combustão também pode ser utilizado.

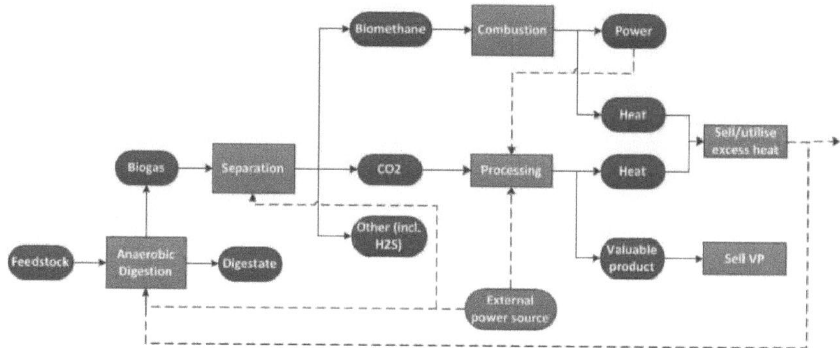

Figura 1. Visão geral da conversão de esterco de vaca em produtos valiosos

O relatório está estruturado da seguinte forma: primeiro, a digestão anaeróbica foi discutida em relação à matéria-prima, processo de digestão e subprodutos. Posteriormente, foi descrita a separação do biogás em CO2, metano e suas impurezas seguida da combustão do metano para geração de eletricidade. Em seguida, foi fornecida uma avaliação importante sobre os possíveis produtos de alto valor do CO2. A avaliação é baseada no que é conhecido na literatura (de patentes) e nos negócios. Os diferentes produtos valiosos são comparados na secção de discussão com base na sua viabilidade técnica e financeira para uma unidade de produção na parte norte dos Países Baixos. Finalmente, foram tiradas conclusões sobre o produto valioso mais viável para esta planta com suas perspectivas futuras.

CAPÍTULO 2

DIGESTÃO ANAERÓBICA

Estrume de vaca como matéria-prima

Nos Países Baixos, são produzidos anualmente 64 milhões de toneladas de estrume de vaca, dos quais 18,6 milhões de toneladas são produzidos nos estados do Norte: Groningen, Friesland e Drenthe (CBS, 2017). Este esterco de vaca geralmente é armazenado ao ar livre e não é utilizado. A grande produção de esterco bovino é a principal razão para a escolha do esterco bovino neste relatório. Onde, por exemplo, o estrume de aves já é processado e convertido em energia nos Países Baixos, o mesmo ainda não é feito para o estrume de vaca (Billen et al., 2015).

Este esterco de vaca consiste parcialmente em gases de efeito estufa e poluentes atmosféricos, como metano, amônia e sulfeto de hidrogênio , que podem ser prejudiciais à saúde humana (Cuellar & Webber, 2008). A amônia pode contaminar as águas subterrâneas e, assim, eutrofizar o solo. Esses compostos agora considerados poluentes atmosféricos podem ser transformados em produtos de preenchimento útil . Um possível produto é o biogás, que pode ser produzido através de digestão anaeróbica e pode, por exemplo, ser utilizado para cozinhar em casa e como material de combustão. O gás natural é produzido a partir do carvão e, portanto, é considerado um gás de efeito estufa. O biogás produzido a partir de esterco de vaca pode substituir esse gás e, assim, promover uma mudança em direção a produtos verdes. Este biogás pode ser usado para produzir eletricidade a partir de resíduos.

Um dos objetivos da planta descrita neste relatório é evitar a produção de gases de efeito estufa pelo esterco de vaca no ambiente externo, mas armazenar o esterco de vaca em um ambiente controlado para produzir e capturar metano para que possa ser usado para combustão e produção de energia. Portanto, calcula-se quantas fazendas seriam necessárias para atingir uma produção de 1 MW de energia elétrica e a densidade de fazendas na região.

Um dos dados gerais necessários para o cálculo é a composição do esterco bovino. A composição do esterco de vaca em lactação pode ser vista na Tabela 1. A vaca em lactação é escolhida como representativa, uma vez que a indústria mais encontrada na Holanda é a indústria de laticínios (Lorimor et al., 2004).

Tabela 1 Composição do estrume de vaca, onde TS significa Sólidos Totais) Gebrezgabher et al. 2010)

	Size (kg/day/cow)	Manure (kg/day/cow)	Water (%wt)	TS (%wt)	Nutrient content (%wt N/ %wt P_2O_5/ %wt K_2O)		
Lactating cow	450	50	88	12	0.65	0.33	0.36

A quantidade de metano que produz 1 MW de eletricidade é simulada em Aspen, com as seguintes suposições, ou seja, 80% de eficiência isentrópica para o soprador de ar e bomba de condensado, 50% para a turbina a vapor e 95% de eficiência do gerador elétrico. O diagrama de fluxo detalhado e o cálculo combinado de calor e energia (CHP) podem ser vistos na seção Combustão. A partir da simulação, são necessários 6.775.000 m 3 /ano de metano (1 bar, 20°C) para produzir 1 MW de electricidade e 5,2 MW de calor. Supondo que o biogás produzido no processo de digestão tenha um teor de metano de 57% em volume (Gebrezgabher et al., 2010), isso significa que são necessários 11.886.000 m 3 /ano de biogás. Com base em algumas literaturas, uma tonelada de sólido total no esterco pode produzir 700 m 3 (Ghafoori & Flynn, 2007) de biogás e a composição do conteúdo de sólidos totais (TS) no esterco de vaca é de 12% em peso (Lorimor et al., 2004) . Estas suposições são utilizadas ao longo deste relatório. Utilizando estes pressupostos, são necessárias 141.500 toneladas/ano de estrume para produzir 1 MW de electricidade. Este número é próximo ao encontrado por (Mes , et al., 2003). Na sua investigação, são necessárias 165.000 toneladas/ano de estrume de vaca para gerar 1 MW de eletricidade.

Para calcular o número de explorações necessárias para uma central de 1 MW, calcula-se a quantidade média de estrume por exploração. Por conveniência, presume-se que todas as fazendas tenham o mesmo tamanho. Na realidade este não é o caso, mas desta forma a quantidade de "explorações médias" necessárias para uma central de 1 MW pode ser calculada, Tabela 2. Esta quantidade não diferirá muito do número real, uma vez que as explorações maiores compensam aquelas .

Tabela 2 *Quantidade de esterco bovino produzido por fazenda média (CBSa , 2017)*

	Cow manure (ton/year)	Number of farms	Cow manure per farm (ton/year)
Groningen	3,800,000	1,130	3,363
Friesland	10,600,000	3,326	3,187
Drenthe	4,200,000	1,364	3,079

A partir do Quadro 2 pode-se calcular que uma exploração média em Groningen, Frísia e Drenthe produz cerca de 3.200 toneladas de estrume de vaca por ano. Assumindo as 141.500 toneladas/ano calculadas necessárias para uma central de 1 MW, isto significa que são necessárias 44 explorações agrícolas médias para cumprir este requisito. Uma exploração média de vacas nos Países Baixos tem 47 ha, ou ± 0,5 km 2 (Jongeneel et al., 2008), resultando numa área de cerca de 22 km 2 para permitir uma central de 1 MW. E como os estados do Norte consistem em grande parte de áreas agrícolas, o estrume de vaca desta área de 22 km2 pode ser recolhido num ponto central.

Desta forma, a autonomia entre as explorações agrícolas e o ponto de recolha não deverá exceder alguns quilómetros. Obviamente, quando a autonomia é limitada, o efeito no aquecimento global será limitado. Dado que o estrume de vaca é hoje em dia despejado e armazenado, os custos do estrume de vaca são considerados muito baixos e, por conseguinte, não são definidos de forma mais detalhada neste relatório.

DIGESTÃO

A digestão anaeróbica é um processo complexo realizado por vários tipos de microrganismos durante vários estágios da digestão. Existem quatro etapas necessárias para converter a estrutura altamente complexa do esterco de vaca em biogás de estrutura simples: hidrólise, acidogênese, acetogênese e metanação, Figura 2.

Durante a fase de hidrólise, os biopolímeros não solúveis são convertidos em compostos orgânicos solúveis. Em seguida vem a acidogênese, onde as enzimas convertem açúcares, aminoácidos e peptídeos em ácidos orgânicos voláteis (COV) de cadeia curta. Esses VOC são então convertidos em hidrogênio e CO_2 ou ácido acético por acetogênese. A etapa final é a metanogênese, aqui são formados os produtos finais, o metano e o restante CO_2. A digestão anaeróbica geral é um processo biológico e é fortemente influenciada pela temperatura, pH, alcalinidade e toxicidade.

Existem vários tipos de digestores disponíveis no mercado, Tabela 3, no entanto, nem todos são adequados para o clima que está presente na Holanda. O tipo mais comum é a mistura completa que opera como um reator continuamente agitado (OWS, 2011).

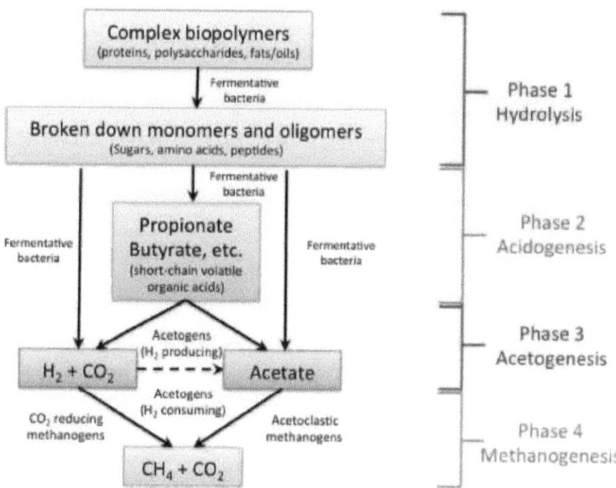

Figura 2 Estágios necessários durante a digestão anaeróbica para converter esterco em biogás (Pennstate , 2017)

Tabela 3 Visão geral dos tipos de digestores disponíveis, suas características, desvantagens e aplicabilidade em um clima holandês (OWS, 2011)

Type of digester	Characteristics	Disadvantage	Applicability in NL
Complete mix	Enclosed heated tank with mixing	Manure needs to be diluted with water	Yes
Covered lagoon	Low cost & maintenance	Heating is required	No
Plug flow	TS of 10-20 %	Extra biodegradable materials are needed to increase TS	Yes
Small fixed dome	Underground	Small scale	No

O digestor tem um aporte de 141.500 toneladas por ano, conforme mencionado anteriormente, com tempo médio de residência de 21 dias, em lote (Solutions4Energy, 2017). Com 330 dias de operação, podem ser realizados 15 ciclos de digestão. Os 15 dias restantes poderão ser utilizados para manutenção e limpeza do equipamento. Deve haver um espaço livre de pelo menos 10% no digestor, após a adição do inóculo, matéria-prima e água para obter um teor de TS de 10%. Além disso, é necessário um espaço livre de pelo menos 10% por razões de segurança, caso a produção de gás flutue muito, o que resulta num volume total de 13.000 m 3 . Para que essa quantidade de insumo seja concretizada , é necessário 1 digestor (EBA, 2015). Esses tamanhos são atualmente utilizados na indústria e devem estar facilmente disponíveis.

Para operar o digestor, um certo número de condições deve ser atendido, pois os microrganismos envolvidos são bastante sensíveis. Deve haver uma temperatura constante de aproximadamente 40°C. Para que a mistura completa seja uniforme, deve haver um agitador presente e uma fonte de aquecimento para manter a temperatura constante. Ambos requerem um consumo de energia e, portanto, são considerados como eletricidade e custos operacionais mais adiante no relatório.

Este processo de digestão resultará em uma produção de biogás de 6.775.000 m 3 /ano, com a seguinte composição: 59,9 vol% CH4,40 vol% CO2 e 0,1 vol% H2S (Ukpai & Nnabuchi , 2012). Isso precisará ser atualizado na etapa seguinte em biometano para combustão. Há também digerido como subproduto após o processo de digestão. Isso é removido e tratado nas etapas seguintes do processo.

CUSTO DE INVESTIMENTO

No total, devem ser processados 30.000 m3 de estrume por corrida . A central de biogás em Tongeren tem a dimensão adequada e custou 11 milhões de euros (EBA, 2015), com um tempo de amortização de 15 anos, resultando num custo de amortização anual de 0,73 milhões de euros por ano.

CUSTO OPERACIONAL

Para operar e manter o digestor durante toda a sua vida útil, os custos precisam ser alocados a ele. O custo operacional total do digestor foi estimado em 4,6% do custo de investimento (USDA, 2007), resultando em 0,51 milhões de euros por ano.

DIGESTADO

O resíduo da digestão anaeróbica, digerido, é um resíduo que pode ser despejado no solo. No entanto, o digerido bruto tem um valor de fosfato relativamente elevado e a legislação holandesa proíbe as empresas de despejar demasiado fosfato no solo, Tabela 4. Portanto, é necessário calcular a quantidade de fosfato que o nosso sistema precisa de despejar por ano sobre a nossa terra disponível. . Os seguintes números são usados (Lorimor et al., 2004):

- 141.500 toneladas de esterco são processadas por ano
- 0,33 % em peso de fosfato no digerido
- 2.200 hm 2 de terra disponível para despejar digerido

Isto significa que uma quantidade total de 1,4*10 8 *3,3*10' 3 /(2,2*10 3) = 210 kg/(ha*ano) de fosfato deverá ser despejada. Isto é superior a qualquer limite estabelecido pelo governo holandês (CBSb , 2014), Tabelas 4 e 5. Portanto, o fosfato precisa ser recuperado do digerido antes do despejo.

Grassland					
PAL value	Category	2014	2015	2016	2016
< 27	Low	100	100	100	100
27-50	Neutral	95	90	90	90
> 50	High	85	80	80	80

Tabela 4 Quantidade de fosfato que pode ser depositada no meio ambiente por kg/ha/ano, onde PAL significa condição de fosfato em pastagens (CBSb , 2014)

Arable land					
Pw value	Category	2014	2015	2016	2017
< 36	Low	80	75	75	75
36-55	Neutral	65	60	60	60
> 55	High	55	50	50	50

Tabela 5 Quantidade de fosfato que pode ser depositada no meio ambiente por kg/ha/ano, onde Pw significa condição de fosfato em terras aráveis (CBSb , 2014)

RECUPERAÇÃO DE FOSFATO

Existem diversas técnicas para recuperar nutrientes do digerido anaeróbico. (Vaneeckhaute et al., 2016) comparou-os em termos de desempenho técnico e aspectos financeiros e descobriu que as três melhores opções são: precipitação/cristalização de estruvita, remoção de amônia e absorção usando um purificador de ar ácido. Especialmente interessante é a precipitação de estruvita, uma vez que o fosfato pode ser recuperado na forma de estruvita, que poderia ser utilizada como fertilizante.

$$Mg^{2+} + NH_4^+ + H_N PO_4^{3-n} + 6H_2O \rightarrow MgNH_4PO_4 \cdot 6H_2O \cdot nH^+ \tag{1}$$

Acima está a equação geral da precipitação de estruvita (Le Corre et al., 2009). As proporções molares de Mg, NJU e HPO4 são 1:1:1. A cristalização da estruvita ocorre à pressão ambiente e à temperatura ambiente e é iniciada em um pH de 8,2-8,8 (Ueno & Fujii , 2001). A recuperação de estruvita já está implementada em escala industrial (Giesen , 2010; Ueno & Fujii , 2001), onde a capacidade dos reatores de recuperação pode lidar com até 500 m 3 de digerido bruto por dia (Ueno & Fujii , 2001) e os processos podem ser operados tanto contínuo ou em lote (Le Corre et al., 2009). Ueno & Fujii (2001) descreveram uma planta onde desde 1998, dois reatores, um de 500 m 3 /dia e outro de 150 m 3 /dia, operam no complexo Shimana. Centro Limpo Perfecture Lake Shinji East. O grande reator deste processo é adequado para o nosso próprio processo, uma vez que o nosso processo tem um rendimento de ca. 430 m 3/ dia onde a densidade do estrume é assumida semelhante à do digerido (Lorimor et al., 2004).

Um diagrama esquemático da planta de recuperação de estruvita de Ueno e Fujii é apresentado na Figura 3, que possui um reator de leito fluidizado para facilitar uma capacidade de 500 m 3 /dia. No nosso caso, o reator de leito fluidizado terá capacidade de 500 m 3 /dia. O digerido bruto é primeiro desidratado e depois alimentado no fundo do reator de leito fluidizado. Subsequentemente, Mg(OH) i é adicionado numa proporção de 1:1 de fosfato de magnésio. Em seguida, adiciona-se NaOH até que um pH de 8,2-8,8 seja adquirido. A mistura permanece no reator de leito fluidizado por um período de 10 dias, após o qual a pasta é conduzida para um separador de estruvita. O separador produz pellets de estruvita de 0,5-1 mm e é conduzido a uma tremonha de armazenamento, onde grânulos menores são conduzidos de volta ao reator de leito fluidizado como material de semente para o próximo processo. O digerido restante contém 10% da quantidade original de fosfato e pode, portanto, ser despejado no solo. Ca. Podem ser recuperados 200 kg de estruvita por dia, dos quais podem ser vendidos como fertilizante para os mercados interessados. Digno de nota é que as águas residuais terão um pH de ca. 8.5. Essa água precisa ser tratada, para que o pH fique neutro, antes que possa ser descartada.

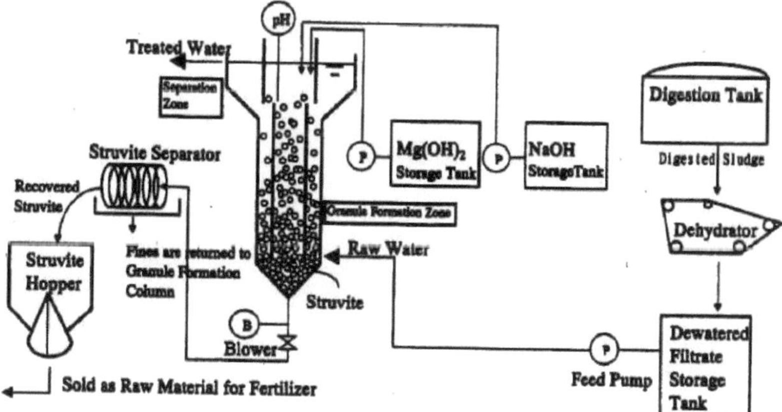

Figura 3 Visão geral de uma planta de recuperação de estruvita (Ueno & Fujii , 2001)

ANALISE FINANCEIRA

Existem duas maneiras de abordar a legislação holandesa sobre dumping de fosfato. Em primeiro lugar, uma empresa poderia pesar os encargos por exceder as legislações versus os custos adicionais de purificação do digerido. Dado que precisamos de despejar centenas de toneladas de fosfato que ultrapassam o limite, e considerando um preço de 7 euros por kg (Mij nW etten.nl, 2017), o dumping será bastante dispendioso. No entanto, uma vez que todo este processo enfatiza o seu carácter verde, somos moralmente obrigados a recuperar o fosfato antes de despejar o digerido, mesmo que seja mais barato despejá-lo directamente. Vaneeckhaute et al. (2016) estimam os custos de capital para a recuperação de estruvita em média em 13.000 euros /(kg fosfato*dia). Para a nossa produção de 200 kg/dia, isso significaria uma planta de produção de 2,68 milhões. Estimam custos operacionais em média 37.500 euros/ano. Ao longo de 15 anos, os custos totais da unidade de recuperação de estruvita são, portanto: 3,25 milhões de euros.

CAPÍTULO 3

ATUALIZAÇÃO DE BIOGÁS

A composição do biogás após a digestão foi de 59,1% em volume de CH4, 40% em volume de CO2 e 0,1% em volume de H2S. Como o equipamento de combustão é muito sensível ao H2S, é crucial que este seja removido do biogás bruto antes da etapa de combustão. Além disso, o CO2 também precisa ser recuperado antes da combustão. A fração H2S deve ser suficientemente removida do biogás bruto e então a fração CO2 é reduzida até 3%. O CO2 recuperado poderá ser convertido em produtos valorizados, mantendo assim o carácter verde de todo o processo. Além disso, o metano com alta pureza terá uma eficiência de combustão maior do que o metano diluído com CO2.

TÉCNICAS DE SEPARAÇÃO

Abaixo são discutidos vários métodos para separar H2S e CO2 do metano, tais como (i) absorção física, (ii) absorção química, (iii) absorção por oscilação de pressão e (iv) tecnologia de membrana. Em seguida, é feita uma avaliação das técnicas e descrito um processo completo para valorização do biogás. Os valores apresentados para cada técnica de separação centram-se na remoção de CO2, uma vez que esta é mais importante no processo descrito para produzir produtos valorizados .

ABSORÇÃO FÍSICA

Esta técnica é baseada na diferença na solubilidade dos componentes do gás em uma solução líquida de lavagem (Awe et al, 2017). O gás forma uma ligação física com o líquido de lavagem que está em contrafluxo, principalmente água, devido à baixa sensibilidade às impurezas do biogás (Andriani et al., 2014). No entanto, solventes orgânicos como metanol e éteres dimetílicos podem ser usados para remoção de CO2, que têm maior atração pelo CO2, levando a um menor volume absorvente e diminuindo assim os custos operacionais (Awe et al., 2017). Na Figura 4 é apresentada uma visão geral de um processo de valorização do biogás por absorção física com água como solução de depuração. Neste processo, é possível separar CO2 e sulfeto de hidrogênio (H2S) simultaneamente, porém é preferível remover primeiro o H2S, pois diminuirá o risco de corrosão e problemas operacionais. A coluna de dessorção mostrada na figura X é utilizada para regenerar a água utilizada pela adição de ar ou vapor, o que aumentará a atratividade econômica do processo (Andriani et al., 2014). O processo de absorção física tem alta eficiência (>97% CH4), é tolerante a impurezas e a capacidade pode ser alterada pela mudança de temperatura e pressão (Awe et al., 2017). O aumento da pressão aumentará a solubilidade do CO 2 na água (Andriani et al., 2014). Contudo, o processo é caro e tem custos operacionais de 0,105 €/m 3 .

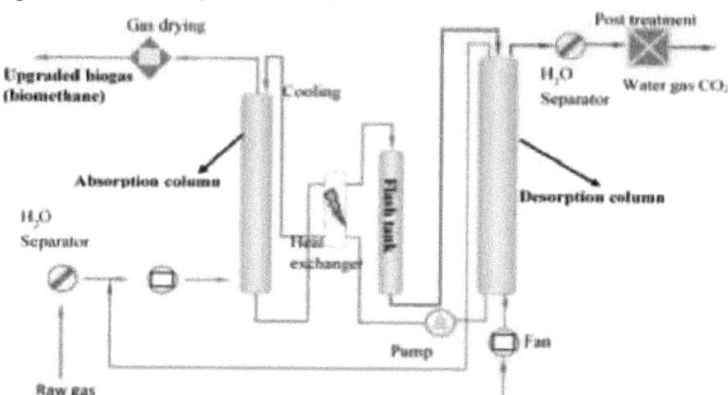

Figura 4. Fluxograma do processo de valorização do biogás através da remoção de CO2 via absorção física (Aweet al., 2017)

ABSORÇÃO QUÍMICA

Esta técnica é semelhante à absorção física, exceto pela reação que ocorre; na absorção química ocorre a formação de ligações químicas reversíveis entre o soluto e o solvente. (Awe et al., 2017). Dependendo do produto químico que precisa ser removido, os absorventes devem ser reativos a CO2 ou H2S, como alcanol aminas (MEA, diMEA). O próprio solvente sofre regeneração, que inclui quebra de ligação.

A regeneração é feita através de dois separadores de gás, adicionando vapor ou calor (Awe et al., 2017). A Figura 5 mostra uma visão geral da valorização do biogás através da absorção química. O H2S deve ser removido antes de iniciar a lavagem e pode ser removido por absorção química devido à interação de 1 grupo hidroxila e 1 grupo amino do MEA.

A remoção de CO2 por absorção química é baseada no movimento da molécula da interface gás para gás/líquido e, em seguida, para a maior parte da fase líquida, onde ocorre a reação com a substância química (Andriani et al., 2014).

A absorção química tem alta eficiência (>99% CH4), taxas de reação mais altas em comparação à absorção de água e possibilidade de operar em baixas pressões (Andriani et al., 2014; Awe et al., 2017). Contudo, os custos de capital são elevados e é necessária uma grande quantidade de calor para a etapa de regeneração.

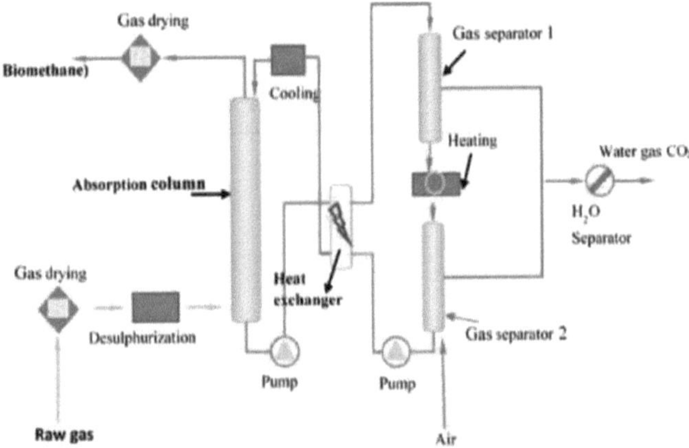

Figura 5 Diagrama de fluxo do processo de valorização do biogás por remoção de CO2 via absorção química (Awe et al., 2017)

ABSORÇÃO DE VARIAÇÃO DE PRESSÃO

Nesse processo, diversas colunas repletas de absorventes são utilizadas na seguinte sequência, absorção, despressurização, dessorção e pressurização (Awe et al., 2017). A adsorção por oscilação de pressão (PSA) tem sido usada para dividir misturas de gases com base em suas características moleculares e afinidade por um material adsorvente, neste processo CO2 ou H2S. Várias colunas são usadas para criar um processo contínuo e manter os custos baixos. Uma coluna empacotada é preenchida com material absorvente como zeólita, carvão ativo e sílica gel (Andriani et al., 2014; Awe et al., 2017).

O sistema precisa de pressões altas e baixas. Em altas pressões, os gases direcionados são adsorvidos no adsorvente, após o que são liberados em baixa pressão (Zhao et al. 2010). Pressões mais altas levam a mais absorção de gases devido ao fato de que sob pressão o absorvente atrai gases (Andriani et al., 2014).

Após a absorção de CO2 e H2S, uma mistura de CO2/CH4 com alto teor de metano é passada para despressurização, onde a pressão é reduzida gradualmente até próximo da pressão atmosférica (Awe et al., 2017). A Figura 6 mostra uma visão geral do processo, o CO2 é absorvido enquanto o metano passa e pode ser usado como biogás (Awe et al., 2017). O PSA foi mais eficiente na separação de CO2 do biogás do que na remoção de H2S. Este fenômeno se deve à adição de uma etapa inicial que deve aumentar a eficiência da eliminação do H2S.

A absorção por oscilação de pressão (PSA) tem alta eficiência de remoção (95-98% CH4) e baixo consumo de energia (Andriani et al., 2014; Awe et al., 2017). No entanto, os custos de investimento e operação são elevados devido ao número relativamente grande de colunas necessárias em comparação com a absorção química ou física. Além disso, o PSA torna o processo de remoção de H2S caro.

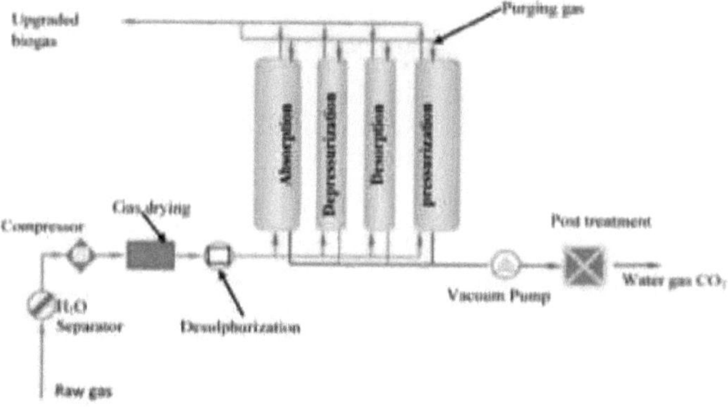

Figura 6 Atualização de biogás por remoção de CO2 via PSA (Awe et al., 2017)

SEPARAÇÃO BASEADA EM MEMBRANA

Essa técnica é baseada no tamanho das partículas, uma vez que o biogás bruto é transportado através de uma membrana onde permanecem os contaminantes (Andriani et al., 2014). As membranas são operadas em alta pressão (25-40 bar) e existem em três configurações, (i) módulos de fibra oca , (ii) módulos enrolados em espiral, (iii) módulos tipo envelope (Andriani et al., 2014). A configuração de módulo de fibra oca com módulos enrolados em espiral é mais comum devido à alta pressão. O gás passa por um filtro antes de entrar nas fibras ocas . Duas técnicas são utilizadas, (i) separação de gás de alta pressão ou separação gás-gás, e (ii) membrana de adsorçao gás-líquido (Andriani et al., 2014). A separação gás-gás começa com a remoção de H2S sob alta pressão, depois o gás é purificado até 94%, mostrado na Figura 7. A separação de H2S depende de alguns parâmetros, como pressão, temperatura e solubilidade de gases na camada seletiva de poliamida inchada com água. . A pureza do gás pode aumentar até 96% ao usar desempenho de dois ou três estágios. O aumento do número de estágios provoca um aumento na perda de metano (Andriani et al., 2014). Na separação gás-líquido, o contador de fluxo de gás e líquido atualmente, o fluxo de gás se difunde através da membrana e é absorvido pelo líquido que flui pelo outro lado. O biogás pode ser atualizado para 96% de metano em uma única etapa (Andriani et al., 2014; Awe et al., 2017). As membranas têm baixo custo, alta eficiência energética, boa confiabilidade e ocupam pouco espaço (Awe et al., 2017). No entanto, a eficácia das membranas depende da capacidade de apresentar alto desempenho de separação. A separação de alto desempenho depende do material da membrana utilizado e atualmente é dominada por membranas poliméricas (Andriani et al., 2014).

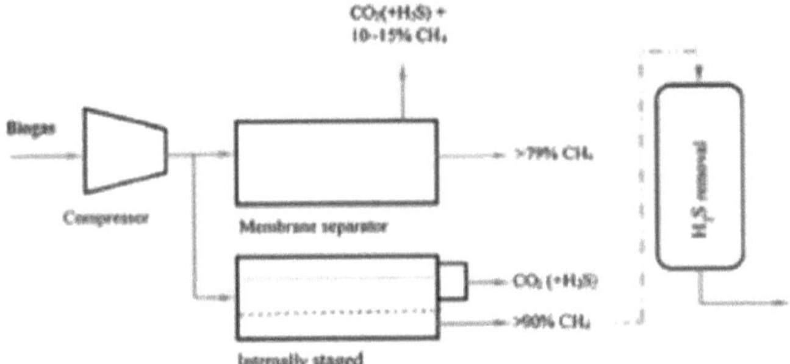

Figura 7 Diagrama de fluxo do processo de atualização de biogás por remoção de CO2 e H2S por meio de separação baseada em membrana (Awe et al., 2017)

ADSORÇÃO DE H2S VIA CARBONO ATIVADO

A utilização de carvão ativado apresenta alta capacidade de adsorção e rápida cinética de reação mesmo em temperatura ambiente (Ansari et al., 2005). A adsorção via carvão ativado é dividida em 2 tipos como: tipos impregnados e não impregnados. Além disso, o carvão ativado impregnado apresenta maior eficiência e melhor remoção de H2S em comparação ao não impregnado. O carvão ativado não impregnado é um catalisador fraco e a taxa é limitada por reações complexas. Verificou-se que comparado a 10-20 kg H2S/m 3 adsorvidos em carbono virgem, o carbono impregnado poderia adsorver 120-140 kg HzS /m 3 (Allegue et al., 2012).

Compostos como NaOH, KOH, NaHCOa , Na2COa, KI e KMnO4 são adicionados como cátions em carvão ativado impregnado. Adib et al., (2000) concluíram que a maior quantidade adicionada de NaOH no carvão ativado impregnado aumenta a capacidade de remoção de H2S. Ansari et al., (2005) afirmaram que o aumento da temperatura de 38 °C para 60 °C não afeta a remoção de H2S. Além disso, ao utilizar fontes lignocelulósicas, como casca de coco, sabugo de milho e casca de palmeira como carvão ativado, o processo torna-se mais viável economicamente, sustentável e atrativo. Lau et al. (2013) investigaram o carvão ativado impregnado com carvão ativado com casca de palma na tecnologia de remoção de H2S. Choo et al., (2013) estudaram a adsorção de H2S utilizando carvão ativado de casca de coco. Neste processo, o H2S foi analisado através da lavagem de biogás com adição dos três componentes dos gases principais, que são CH4, CO2 e H2S. O carvão ativado é impregnado com soluções alcalinas, como NaOH, KOH e K2CO3. Tsai et al., (2001) afirmam que esta situação se deve à reação química, onde uma molécula de K2CO3 está reagindo com uma molécula de H2S. As equações 2 e 3 mostraram que a equação química do processo de reação é a seguinte, desde que a maior razão de impregnação de K2CO3 tenha a maior possibilidade de remoção de H2S:

$$H_2S + K_2CO_3 \rightarrow KHS + KHCO_3 \tag{2}$$

$$H_2S + K_2CO_3 \rightarrow K_2S + H_2CO_3 \tag{3}$$

DESCRIÇÃO DO SISTEMA DE PURIFICAÇÃO

Comparando as diferentes técnicas de separação do hiogás bruto , deve-se concluir que todas as técnicas com alta eficiência são caras. Promissor para o nosso processo é o PSA. Embora esta técnica forneça um metano ligeiramente mais diluído do que, por exemplo, a absorção química (>99% de pureza), ela ainda gera 95-98% de metano puro. Além disso, é necessário um consumo de energia relativamente baixo em comparação com outras técnicas de separação (Awe et al., 2017). Deve-se notar que o PSA requer uma etapa de remoção de H2S antes da separação do CO2. O H2S pode ser removido por adsorção via carvão ativado, processo de alta eficiência (Awe et al., 2017).

Implementando a remoção de H2S na etapa de atualização, o sistema é aprimorado conforme a Figura 8. A saída deste sistema é o biogás atualizado, que consistirá em ca. Metano 97% puro, diluído com uma pequena quantidade de CO2. Antes da separação do CO2, todo o FfeS foi removido por adsorção via carvão ativado.

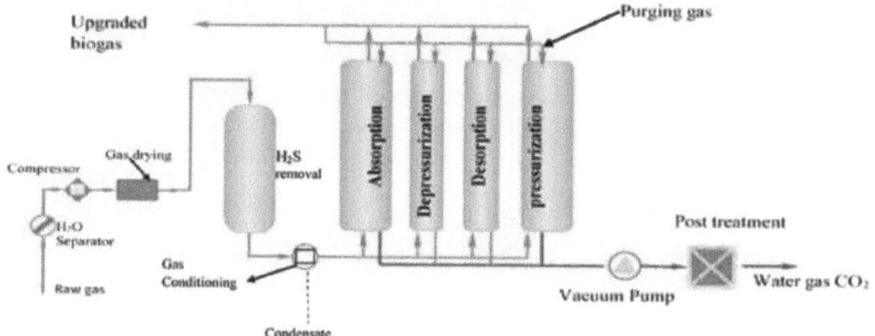

Figura 8 Diagrama de fluxo de processo aprimorado do sistema para remoção de H2S e CO2.

ANALISE FINANCEIRA

Embora este relatório não descreva um sistema concreto para a nossa etapa de purificação, os seus custos ainda devem ser estimados, a fim de calcular os custos totais para produtos verdes valiosos. O sistema descrito por Clausen et al., (2010) será utilizado para estimar os custos de purificação. Uma central de 30 MW com custos de capital de gaseificação e limpeza é de 13,6 M€. Com base no artigo de Swanson et al., (2010) um terço dos custos de gaseificação e limpeza pode ser atribuído à limpeza do biogás, que é aplicável ao sistema de purificação. Os custos de capital da limpeza do biogás são de 4,5 M€ para uma central de 30 MW. Isto deve ser reduzido utilizando a regra de 0,6 (Coulson & Richardson, 2005) e resulta em 1,57 M€, (5,2/ 30)° - 6 *4,5, ou com uma depreciação de 15 anos, 0,1 M€/ano. Os custos operacionais serão retirados de Clausen et al., (2010) o que resulta em 0,45 M€/MW resultando em custos operacionais totais de 2,34 M€ por ano. Assim, no total 2,44 M€/ano

CAPÍTULO 4

COMBUSTÃO[1]

A electricidade a partir de combustíveis como o gás natural, o petróleo, o gasóleo, o propano, o carvão, a madeira, os resíduos de madeira e a biomassa pode ser produzida em centrais de produção de energia convencionais ou em centrais de cogeração. A eficiência de uma central eléctrica convencional é bastante baixa; sendo cerca de 35-40%, onde o calor residual é rejeitado para rios, lagos, oceanos ou para a atmosfera. A cogeração é a geração simultânea de calor e energia, onde o calor residual é utilizado para aquecimento de processos em indústrias ou para aquecimento urbano. Através da utilização do calor, a eficiência de uma central CHP pode atingir cerca de 70-90% ou até mais. A tecnologia de cogeração é utilizada desde o início do século XX e estes sistemas podem operar durante pelo menos 20 anos. Os principais componentes de uma central CHP a vapor baseiam-se em cinco sistemas, nomeadamente, caldeira a vapor, motor/motor principal, gerador de electricidade, sistema de recuperação de calor e um sistema de controlo.

Os principais componentes de uma usina CHP são uma caldeira a vapor e uma turbina a vapor conectada a um gerador. O vapor é produzido na caldeira a vapor em altas pressões e segue para a turbina, onde se expande e aciona um gerador, que produz eletricidade. Depois de passar pela turbina, a temperatura e a pressão do vapor caem e ele segue para um condensador de água quente. No condensador de água quente, a água do aquecimento urbano é aquecida de cerca de 30-60 °C a cerca de 70-120°C, dependendo da contrapressão da turbina. O vapor é resfriado e condensa em água, que é recirculada para a caldeira a vapor como água de alimentação. Para permitir o fornecimento de calor mesmo quando a turbina não está funcionando, condensadores diretos são frequentemente instalados para aquecer diretamente a água do aquecimento urbano. Ao equipar qualquer uma das turbinas com um condensador de água fria é possível cobrir as cargas máximas da necessidade de eletricidade.

CALDEIRAS DE VAPOR

A tarefa da caldeira a vapor em um processo de energia a vapor é transformar a água de alimentação em vapor em um estado adequado para o processo. Uma caldeira a vapor típica é constituída por vários trocadores de calor, onde os gases de combustão são usados para elevar o vapor da água de alimentação. Na cogeração, a maior parte do vapor vai diretamente para a turbina e é posteriormente utilizado para aquecimento da água do aquecimento urbano. A energia gerada pelo vapor também é frequentemente usada para operar equipamentos dentro da planta. Uma caldeira a vapor simples pode ser descrita como um recipiente parcialmente cheio de água, que recebe calor suficiente para formar vapor. O recipiente está conectado a um tubo através do qual o vapor pode evaporar. Se o vapor que sai for igual ao vapor produzido pelo calor fornecido, a pressão no recipiente é constante. Se a quantidade de vapor que sai for menor que a quantidade produzida, a pressão aumenta e, se for maior, a pressão no vaso cai. Ao alterar o fornecimento de calor e/ou a quantidade de vapor que sai, a pressão na caldeira pode ser regulada.

TURBINAS A VAPOR

O vapor de alta pressão é expandido dentro da turbina para produzir energia mecânica que pode ser usada para acionar um gerador de eletricidade. A potência produzida depende de quanto a pressão do vapor pode ser reduzida através da turbina. Quanto maior for a pressão de entrada da turbina, maior

---

[1]Todas as informações da Combustion são de USDE (2016) e Jechura (2015) ou declaradas de outra forma.

será a produção de energia, mas pressões de vapor mais elevadas implicam progressivamente maiores custos de capital e de funcionamento da caldeira. Como os ciclos de vapor produzem uma grande quantidade de calor em comparação com a produção eléctrica, é mais económico integrar um incinerador com uma unidade de cogeração baseada em turbina a vapor. Existem dois tipos de turbinas a vapor, de acordo com a pressão de vapor de saída da turbina, nomeadamente, turbinas de contrapressão, nas quais a pressão de saída é superior à pressão atmosférica e turbinas de condensação, nas quais a pressão de saída é inferior à pressão atmosférica.

O arranjo mais simples é a turbina de contrapressão, onde a expansão do vapor termina em uma pressão mais alta e o vapor de saída tem um conteúdo de aquecimento correspondente à necessidade do usuário de calor. O principal objetivo da usina é produzir calor e não eletricidade. O processo de trabalho de uma turbina de contrapressão é semelhante ao das turbinas de alta e média pressão. Uma turbina de contrapressão pode ser combinada com uma turbina de condensação. O vapor primeiro se expande na turbina de contrapressão e depois algum vapor "passado" é extraído para ser usado para outros fins e parte continua através da turbina de condensação. No entanto, tais extrações reduzem a produção elétrica. Numa turbina de condensação, o fluxo de saída é diretamente conectado a um condensador, ou seja, trocador de calor, onde o vapor de saída é condensado. A temperatura no condensador determina a pressão do vapor na saída da turbina. Turbinas de condensação são usadas para produzir energia elétrica e para maximizar a produção de energia, o vapor é expandido até o vácuo com a ajuda do condensador. Para garantir que a água de resfriamento do condensador em uma cogeração de aquecimento urbano receba calor suficiente, o condensador da turbina pode ser operado próximo ou mesmo acima da pressão atmosférica. Tal como acontece com as turbinas de contrapressão, o vapor de saída também pode ser extraído das turbinas de condensação. As principais vantagens do sistema de turbina a vapor são a sua elevada eficiência global, se o calor produzido puder ser utilizado para aquecimento urbano, em indústrias, etc. , e o facto de as relações calor-potência poderem ser variadas através de um funcionamento flexível. Outras vantagens são que pode ser utilizado qualquer tipo de combustível, há uma grande variedade de tamanhos disponíveis e o sistema tem uma longa vida útil, o que pode motivar os elevados custos de investimento. No entanto, uma das desvantagens é que o arranque é relativamente lento.

GERADORES DE ELETRICIDADE

Para converter a energia mecânica de uma turbina em eletricidade, é utilizado um gerador. Num gerador, a energia mecânica de uma turbina é convertida em eletricidade. Existem dois tipos de geradores, síncronos e assíncronos. Embora os geradores síncronos sejam mais caros do que as unidades assíncronas com uma potência inferior a 200 kWe , são frequentemente utilizados em unidades CHP. A principal diferença entre esses dois tipos de gerador é que o gerador síncrono pode operar isolado de outras usinas geradoras e da rede, enquanto o assíncrono não. Além disso, o gerador síncrono pode atuar como gerador de reserva, pois pode continuar a fornecer energia durante falhas na rede. Um gerador assíncrono só pode operar em paralelo com outros geradores e deixará de operar se for desconectado da rede elétrica ou se a rede falhar.

SIMULAÇÃO DE CICLO DE VAPOR - ASPEN PLUS V8.6

Quatro simulações foram configuradas no Aspen Plus v8.6 para modelar um ciclo de vapor Rankine simples para produção de eletricidade e calor, PFD geral Figura 9:

1. O primeiro modelo de simulação de produção de eletricidade através da combustão de 60 mol% de UFC e 40 mol% de CO2 com ar
2. O segundo modelo de simulação de produção de eletricidade pela combustão de 60% em mol

de CH4 e 40% em mol de CO2 com O2 3. O terceiro modelo de simulação de produção de eletricidade por combustão de 95% em mol de CEU e 5% em mol de CO2 com ar 4. O quarto modelo de simulação de produção de eletricidade por combustão 95% molar de CH4 e 5% molar de CO2 com O2

O sistema consiste em um lado de combustível com alimentação de gás natural, soprador de ar, câmara de combustão e lado de combustível da caldeira a vapor. E um lado de vapor com turbina a vapor, condensador de vapor, bomba de condensado e lado de vapor da caldeira. Quando a simulação é configurada, o PFD geral se parece com a Figura 9.

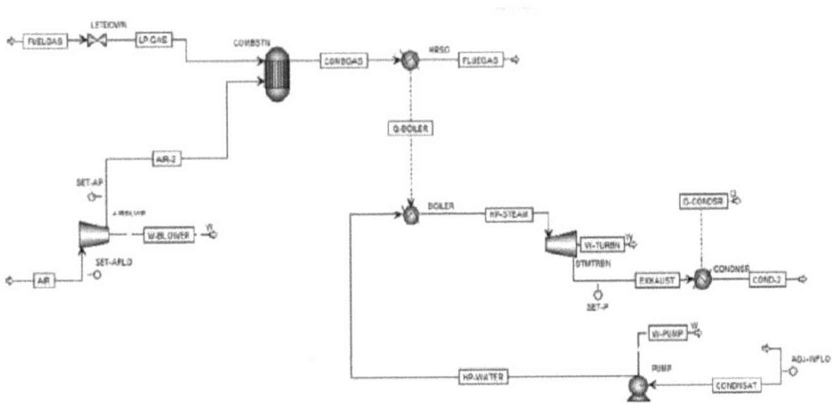

Figura 9 Diagrama de fluxo do processo de combustão

CICLO DE VAPOR

Um ciclo Rankine simples foi criado com as seguintes condições de processo:

1. Produção de vapor superaquecido a 125 bar .
2. Condensação final a 20°C.
3. Turbina a vapor de condensação operando com eficiência isentrópica de 60% e mecânica de 80%.
4. Bomba de condensado operando com eficiência de 80%.
5. Queda de pressão através de trocadores de calor ou tubulação de 10 bar.

SISTEMA DE COMBUSTÍVEL E COMBUSTÃO

Um queimador /caldeira de biogás simples foi simulado com as seguintes condições de processo:

1. O biogás com 60% molar de CH4 e 40% molar de CO2, bem como 95% molar de CH4 e 5% molar de CO2 está disponível a uma pressão de 1,5 bar e temperatura de 25°C.
2. O ar está disponível a uma pressão atmosférica e temperatura de 10°C. O ar é caracterizado como uma mistura molar de 21%/79% de O2/N2 e totalmente seco (isto é, sem água). Há 10% de excesso de O2 com base na combustão completa do biogás.
3. O2 está disponível a uma pressão atmosférica e temperatura de 10°C.
4. O processo de combustão ocorre próximo às condições atmosféricas, portanto o biogás deve ser reduzido em pressão. No entanto, é necessário um soprador para empurrar o ar para dentro da câmara de combustão.
5. A queda de pressão através da combinação queimador /caldeira/conduto de combustão é de

0,3 bar.

6. O gás de combustão é emitido a 120°C para evitar qualquer vazamento de líquido e subsequentes problemas de corrosão.

DIAGRAMA DE FLUXO DE PROCESSO

O biogás entra no processo a uma pressão um pouco acima da pressão atmosférica, 1,5 bar, e a uma temperatura de 25°C. A pressão do biogás é reduzida para 1,3 bar em uma válvula de descida e entra na câmara de combustão. O ar, ou O2, a uma pressão atmosférica e temperatura de 10°C é levemente pressurizado em um soprador de ar à mesma pressão do biogás purificado e entra na câmara de combustão. O fluxo de ar, ou O2, depende do fluxo de biogás e é baseado no teor de metano no biogás. Na câmara de combustão ocorre a reação exotérmica de oxidação do metano. Ar, ou O2, e biogás são misturados e queimados. Os produtos da reação são gases de combustão quentes, com temperatura de chama adiabática > 1.700°C e pressão de 1,3 bar. Os gases de combustão quentes são utilizados para aquecer a água de alta pressão em vários trocadores de calor. Os gases de combustão são resfriados até 120°C.

A parte do ciclo de vapor da simulação é um sistema de circuito fechado, onde a água circula do condensador, através da bomba, caldeira de vapor, turbina a vapor para o condensador de vapor novamente. A água saturada entra na bomba a 20°C e a uma pressão subatmosférica de 0,023 bar. A bomba, que tem eficiência de 80%, aumenta a pressão da água para 125 bar. A água de alta pressão entra então na caldeira a vapor, que na verdade é uma série de trocadores de calor, e troca calor com os gases quentes da combustão. Supõe-se que o processo de troca de calor não é ideal e a quantidade de calor não utilizado é de 0,5 MW. Os trocadores de calor foram simulados de forma que a queda de pressão do vapor seja de 10 bar, e que haja 100°C de superaquecimento, para evitar condensação excessiva do vapor na turbina. O vapor de alta pressão com pressão de 115 bar e temperatura de 371,4°C entra na turbina a vapor. Na turbina a vapor, a energia térmica do vapor é convertida em energia mecânica, trabalho. As eficiências isentrópica e mecânica são 60% e 80%, respectivamente. A turbina a vapor é de condensação, o que significa que a pressão de saída da turbina é subatmosférica. A temperatura e pressão de saída são 20°C e 0,023 bar, respectivamente. A mistura de vapor saturada de água é completamente condensada em um condensador de vapor. A quantidade de calor disponível por meio de condensação é >4,5 MW, e esse calor pode ser aproveitado em outros processos ou pode ser entregue aos consumidores. Os resultados das quatro simulações no Aspen Plus v8.6 são apresentados na tabela abaixo.

COMPARAÇÃO DE SIMULAÇÃO

Para decidir qual simulação é preferida, dois aspectos devem ser considerados. Primeiramente, a combustão do biogás será realizada com O2 ou com ar. A Tabela 6 mostra que para a combustão com oxigênio puro são necessários 28 kt /ano de O2. Contudo, apenas 2,7 kt /ano de O2 podem ser obtidos pela eletrólise. O O2 restante deve ser adquirido separadamente, o que é bastante caro. Por esse motivo, o ar será utilizado como gás de combustão.

Em segundo lugar, deverá ser decidido se o CO2 será removido antes ou depois da etapa de combustão. Ao comparar os fluxos molares da saída da combustão, nota-se que eles não variam tanto. Em ambos os cenários, o fluxo de gás de saída é diluído pela presença de N2 devido ao fluxo de ar de entrada. Como resultado, é bastante difícil remover o CO2 da corrente de gás de combustão. Portanto, recomenda-se remover o CO2 antes da combustão, simulação 3.

A Tabela 7 compara as simulações 1 e 3, onde a simulação 3 utiliza 4.579 kmol /ano de biogás purificado com 95% molar de CH4. Isto significa que originalmente, 4.350 kmol de CH4 estavam presentes no biogás bruto e isso equivalia a 60 % molar do biogás bruto. Os outros 40% molar foram CO2, o que equivale a 2.900 kmol . No total, 7.750 mil toneladas de CO2 serão removidas por ano e serão convertidas em produtos valiosos.

Tabela 6 Resultados da simulação no Aspen Plus v8.6

Variable	Units	Simulation 1	Simulation 2	Simulation 3	Simulation 4
Biogas composition	mol%	60% CH_4 + 40% CO_2	60% CH_4 + 40% CO_2	95% CH_4 + 5% CO_2	95% CH_4 + 5% CO_2
Oxidant	Air	O_2	Air	O_2	
Biogas molar flow	kmol/year	7,229	9,994	4,579	6336
Biogas mass flow	kt/year	12.0	16.5	4.8	6.7
Oxidant mass flow	kt/year	87.0	28.0	87.1	27.9
Water mass flow	kt/year	63.3	63.2	63.4	63.2
Work produced	MW	1.1	1.1	1.1	1.1
Electricity produced	MW	1.0	1.0	1.0	1.0
Heat produced	MW	5.2	5.2	5.2	5.2

Tabela 7 Simulação Aspen 1, 60% CH4 / 40% CO2 e simulação 3. 95% CH4 / 5% CO2

	60/40 (kmol/sec)	95/5 (kmol/sec)
Mol Flow	0.90	0.57
H_2O	0.018	0.018
O_2	0.004	0.004
N_2	0.083	0.083
CH_4	trace	trace
CO_2	0.015	0.01
CO	< 0.001	< 0.001
N_2O	trace	trace
NO	< 0.001	< 0.001
NO_2	trace	trace

ANALISE FINANCEIRA

Para calcular os custos de capital e operacionais do processo de combustão, realizamos pesquisas sobre os custos reportados para plantas existentes, com diversas saídas elétricas. As estimativas do Custo Total Instalado do Departamento de Energia dos EUA (Julho de 2016) para turbinas a vapor e geradores elétricos variam entre 630 e 1080 €/kW, conforme pode ser visto na Tabela 8.

Tabela 8 Turbinas a Vapor e Geradores Capital e Custos **de O&M** .

	Steam Turbine	Generator
Net Electric Power (kW)	500	3,000
Total Installed Cost (€/kW)	1,073	644
O&M (cent/kWh)	1.0	0.9

Através de interpolação linear, o Custo Total Instalado de uma turbina a vapor e de um gerador com potência eléctrica de 1000 kW é de 987 €/kW. Além disso, de acordo com o DoE dos EUA, o custo instalado da turbina a vapor e do gerador elétrico representará aproximadamente 15% a 25% do custo total instalado da usina. Assim, considerando uma percentagem de 20%, o Custo Total Instalado da central de cogeração a biogás completa estima-se em 4.935 €/kW. Numa base anual, o Custo de Operação e Manutenção, para 8.000.000 kWh, é então estimado em 80.000 €. Finalmente, um período de amortização de 15 anos resulta em custos de amortização de 0,41 milhões de euros por ano.

CAPÍTULO 5

CONVERSÃO DE CO2 EM PRODUTOS DE VALOR

Como pode ser visto na seção anterior, existe um fluxo de CO2 criado após o processo de valorização do biogás. A partir disso, é obtida uma corrente de CO2 quase pura. Geralmente esse fluxo é apenas descartado, o que pode ser prejudicial ao meio ambiente. A relação entre a emissão de CO2 para a atmosfera e o aquecimento global foi investigada exaustivamente e foi proposto um modelo teórico para a sua ligação (Griffiths et al., 2015). Já há décadas, aumentou a consciência sobre o efeito estufa, o que motivou os cientistas a pensar em métodos inovadores para converter CO2 em produtos valiosos (Alper et al., 2016). Portanto, nesta seção são discutidos vários métodos de utilização de CO2 para criar produtos valiosos. Nesta seção, são apresentados quatro produtos valiosos, nomeadamente metano, metanol, FA e MEG. Estes materiais serão introduzidos e finalmente será feita uma comparação, a fim de decidir qual o produto mais interessante para implementar na planta de biogás. Para proporcionar uma comparação suficiente, são feitas várias suposições, de modo que todos os cálculos são comparáveis. As suposições são fornecidas abaixo na Tabela 9.

Tabela 9 Lista geral de premissas com suas unidades e valores (CBSc , 2017; Energie Business, 2016)

Assumptions	Units	Value
Energy price	€/MWh	70
Energy price green	€/MWh	140
Annual CO_2 input	tons/year	7,750
Operation hours per year	hours	8,000
Heat available	MJ/year	4.1
Electricity available	MW	1.0
Electricity needed for electrolysis	MW/ton H_2	0.0058
Capital cost per electrolyser	M€	1.5
Capacity per electrolyser	MW	2.2
Oxygen price	€/ton	275
Price of green product compared to regular product	%	144
Depreciation time	Year	15

Aqui, o pressuposto é que todos os produtos utilizam o mesmo preço de eletricidade, uma vez que todos estarão situados nos Países Baixos. A entrada anual de CO2, o calor disponível e a eletricidade disponível são obtidos nas seções anteriores do relatório. As horas operacionais são definidas em 8.000 horas, que é um número comum de horas por ano, de acordo com vários relatórios (Solantausta et al., 1993; Solantausta et al., 1994). Isso equivale a aproximadamente um mês de tempo de inatividade/tempo de manutenção. A quantidade de eletricidade necessária por tonelada de H2 e o custo de uma eletrólise de tamanho adequado são obtidos na literatura (NEL Hydrogen, 2017). Além disso, devido ao O2 ser criado durante a hidrólise, este pode ser vendido como gás comprimido e criar um fluxo de receitas adicional. A receita é de 275 €/ton (Chemicool , 2012), já subtraindo os custos adicionais de compressão e processamento envolvidos nesta etapa. Além disso, o custo de capital por eletrolisador é fixado em 1,5 milhões de euros e utiliza 2,2 MW de eletricidade (NEL Hydrogen, 2017). Além disso, o preço de venda de um produto verde é fixado em 144% do preço de venda de um produto normal. Isso é definido porque o preço do MEG verde é 144% superior ao do MEG normal (Ganesh, 2016), para os demais produtos é utilizado o mesmo fator. Por último, por razões comparativas, todos os processos de produtos valiosos têm um período de depreciação de 15 anos .

Em cada uma das secções, os custos de electricidade são separados dos custos operacionais, a fim de proporcionar uma visão geral mais comparável entre os diferentes produtos valiosos e produtos de alto valor. Como os valores encontrados na literatura referem-se a uma capacidade de produção diferente, esses valores precisam ser dimensionados corretamente para se adequarem à situação atual. Os custos operacionais podem ser escalonados linearmente, no entanto, este não é o caso dos custos de capital. Segundo Coulson & Richardson (2005), pode ser dimensionado da seguinte maneira:

$$CAPEX_{new} = CAPEX_{old} \times (\frac{Production\ capacity_{new}}{Production\ capacity_{old}})^{0.6}$$

$$(4)$$

Estes pressupostos são utilizados para avaliar um conjunto de aspectos relevantes para os diversos produtos de elevado valor. Isto é importante para calcular a entrada de H2 necessária, as necessidades de electricidade, o calor produzido, o número de produtos valiosos, os custos operacionais, as receitas e assim por diante. Esses tópicos serão introduzidos nas seções seguintes e para finalizar este capítulo, os produtos valiosos serão comparados em uma análise de custos.

ELETRÓLISE

O hidrogênio pode ser produzido convertendo água em hidrogênio por meio de eletrólise. Atualmente quatro técnicas promissoras estão disponíveis ou estão sendo pesquisadas, Tabela 10, onde a eletrólise alcalina está comercialmente disponível e será utilizada para produzir hidrogênio.

Tabela 10 Comparação de diferentes tecnologias de eletrolisador , a: A eficiência é baseada no rendimento de hidrogênio, b: Eficiência líquida

Technology	Efficiency (%)	Maturity	Reference
Alkaline electrolyser	56 - 73 [a]	Commercial	Turner et al., 2008
proton exchange membrane electrolyser	65 - 82 [a]	Near term	Holladay et al., 2009
Solid oxide electrolysis cells	40 - 60 [b]	Mediate term	Holladay et al., 2009
Photo electrolysis	2 - 12 [a]	Long term	Licht et al., 2001

Os eletrolisadores alcalinos típicos disponíveis comercialmente têm uma eficiência de 56-73%. Isto significa que é necessária uma entrada de 95 kWh/kg para produzir 53,4-70,1 kWh/kg. Ele emprega uma solução aquosa de água e 25-30 % em peso de KOH como eletrólito e níquel, ou aço niquelado , como ânodo e cátodo (Zeng et al., 2010). Estes sistemas funcionam normalmente com densidades de corrente de 100-300 mA/cm 2 . A reação do ânodo e do cátodo alcalino é mostrada nas equações (5) e (6), respectivamente.

$$4\ OH^- \rightarrow O_2 + 2\ H_2O \tag{5}$$

$$2\ H_2O + 2\ e^- \rightarrow H_2 + 2\ OH^- \tag{6}$$

A NEL Hydro é uma empresa norueguesa que fabrica sistemas alcalinos desde 1927. É especialista na área de produção de hidrogénio e possui diversas unidades que podem ser produzidas, enquanto a eletrólise de 2,2 MW é frequentemente utilizada para uma produção de 485 Nm3/h com um CAPEX de 1,5 M€ (Langas , 2015). A NEL Hydro também identifica que se a pressão atmosférica aumentar até 15 bar, o resultado será um aumento no CAPEX (€/kW) de 200.

Uma especificação mais detalhada dos produtos NEL Hydro é apresentada na Tabela 11. Seu cavalo de trabalho é o *"Nel A -Eletrolisador Atmosférico "* que consome 3,8 kWh/Nm 3 Hz e a substituição da pilha de células é esperada após normalmente 8 a 10 anos de operação .

Tabela 11 *Visão geral dos produtos NEL Hydro com suas especificações onde Nm 3 representa a quantidade de gás que ocupa 1 m 3 a 0 o C sob pressão absoluta de 1,01 bar (NEL Hydro, 2017)*

Specifications	
Capacity range per unit (Nm³ H₂/hr)	485
DC power consumption (kWh/Nm³ H₂)	3.8
H2 purity	99.9% ± 0.1
O2 purity	99.5% ± 0.2
H2 outlet pressure after electrolyser (mbar)	19.6 - 39.2
H2 outlet pressure after compressor	max 251 bar
Operating temperature	80 °C
Electrolyte	25% KOH aqueous solution

CO2 PARA METANO

O metano é uma pequena molécula que consiste em um átomo de carbono ligado a quatro hidrogênios (CH4).

É o alcano mais simples e o principal componente do gás natural. Geralmente é formado em reservatórios de gás ao longo de milhões de anos para se tornar o que é conhecido como gás natural. Também pode ser formado, por exemplo, no intestino de animais ou em pântanos, ou em qualquer outro local onde ocorra metanação.

O metano contribui largamente para o efeito estufa, mas é menos prejudicial quando queimado em CO2. O metano é formado por metanogênese e geralmente é proveniente da degradação bacteriana da matéria orgânica. Hidrólise, acetogênese e acidogênese também ocorrem para que ocorra a metanogênese. A reação metanogênica é dada nas equações (7) e (8).

$$CO_2 + 4\,H_2 \rightarrow CH_4 + 2\,H_2O \tag{7}$$

$$CH_3COOH \rightarrow CH_4 + CO_2 \tag{8}$$

O metano é, no entanto, um transportador de energia de grande importância na nossa sociedade (BP, 2016), uma vez que são libertadas grandes quantidades de energia durante a combustão, 55,5 MJ/kg. Portanto, é uma fonte útil de energia para a indústria.

Uma das desvantagens é que geralmente é obtido a partir de combustíveis fósseis, o que introduziu um debate sobre o esgotamento dos combustíveis fósseis e a utilização de fontes não renováveis. O consumo de gás continua a aumentar em todo o mundo, com um aumento médio de 2,2% (BP, 2016), e como a procura não parece diminuir, são procuradas alternativas verdes. Portanto, a metanação catalítica e biológica tem sido explorada para produzir metano renovável.

A metanação catalítica pode ser obtida da mesma maneira que a metanogênese biológica, equação 5. Esta é uma reação exotérmica que libera 164 kJ/mol à temperatura ambiente e corresponde a 1,8 kW/m 3 de calor por hora (Ronsch et al., 2016) . A taxa de reação depende, entretanto, do catalisador utilizado, que será elaborado na seção seguinte.

PROCESSO DE PRODUÇÃO

A metanação pode criar valor através da combustão ou da injeção na rede de gás. O processo de metanação de CO2 utiliza CO2 e H2 como reagentes e ao utilizar a metanação de CO2 , a eletricidade pode ser armazenada quimicamente até que surja a necessidade (Ronsch et al., 2016) Figura 10.

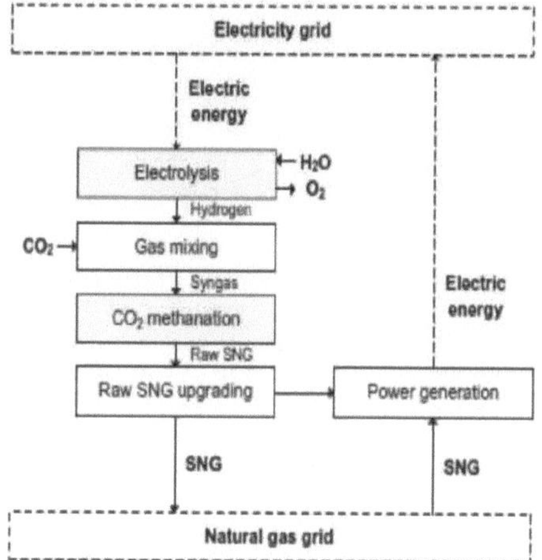

Figura 10 Descrição do sistema de uma usina de geração de gás com metanação de CO2 (Ronsch , et al. 2016)

CATALISADOR DE METANAÇÃO

Para que a metanação ocorra, é necessário um catalisador adequado. Até hoje, os catalisadores metálicos são usados principalmente para metanação. A atividade específica comparativa e a seletividade dos catalisadores são as seguintes, de alta a baixa (Ronsch et al., 2016), onde Ru: Rutênio; Fe: Ferro; Ni: Níquel, Co: Cobalto e Mo: Molibdênio: Atividade: Ru > Fe > Ni > Co > Mo

Seletividade Ni > Co > Fe > Ru

O rutênio é conhecido como o catalisador mais ativo e é uma escolha muito boa, especialmente em baixas temperaturas. No entanto, o preço é aproximadamente 120 vezes mais caro que o do níquel (por massa) em 2015 (Ronsch et al., 2016), tornando-o inadequado para uso industrial. O níquel possui alta atividade e baixo preço, sendo o catalisador mais utilizado na indústria. Além disso, o cobalto tem boa atividade, mas é mais caro que o níquel (Ronsch et al., 2016). Enquanto o ferro e o molibdênio apresentam baixa seletividade em relação ao metano (Ronsch et al., 2016). Portanto, o níquel é escolhido para o processo de metanação.

REATORES DE METANAÇÃO

Existem vários reatores de metanação disponíveis comercialmente. O mais prontamente e comercialmente usado atualmente é o reator adiabático de leito fixo. O conceito de metanação adiabática em leito fixo foi desenvolvido pela Outotec e Etogas que projetaram múltiplos reatores com sistema de resfriamento intermediário ou a vapor. O próximo reator é a metanação de leito fixo resfriado, que consiste em um reator de leito fixo resfriado com sal fundido disponível na

MAN. Outros tipos de reatores também estão disponíveis, ou seja, o reator de leito fluidizado, o reator trifásico e o microrreator. Porém, esses reatores ainda não possuem aplicação comercial (Ronsch et al., 2016). A comparação dos reatores de metanação pode ser vista na Tabela 12.

Tabela 12 Comparação de vários reatores de metanação e suas características, modificada de Ronsch et al., (2016)

	Adiabatic fixed bed reactors	Cooled fixed bed reactors	Fixed bed reactors	Three-phase reactors	Micro-reactors
Operation mode	Adiabatic	Polytropic	Isothermal	Isothermal	Polytropic
Reactor stage	2-7	1-2	1-2	1-2	1-2
Temperature range	250-700	250-500	300-400	300-350	250-500
Catalyst size	mm	m	100-500 µm	<100 µm	<200 µm
Reactor cost	Medium	High	Low	Low-medium	Very high
Technology readiness level (1-10)	9	7	7	4-5	4-5

Várias plantas piloto dedicadas à metanação de CO2 para produção de metano, conhecido como gás natural sintético, podem ser vistas na Tabela 13. Observa-se que apenas uma planta é aplicada comercialmente, enquanto outras estão em fase de planta piloto. O hidrogênio utilizado nesta reação é produzido por meio de eletrólise e o CO2 pode ser obtido de diversas fontes, como por exemplo, garrafas de gás e biogás (Ronsch et al., 2016).

Tabela 13 Usinas atuais que produzem metano a partir de CO2, onde PtG significa Power-to-Gas (Ronsch et al., 2016)

Project name	Location	Capacity	Status
Hashimoto CO2 recycling plant	Sendai (Japan)	n.s.	Pilot plant 1996 (not in operation)
PtG ALPHA plant Bad Hersfeld	Bad Hersfeld Germany)	25 kW power input	Pilot plant 2012
PtG ALPHA plant Morbach	Morbach (Germany)	25 kW power input	Pilot plant 2011
PtG ALPHA plant Stuttgart	Stuttgart (Germany)	25 kW power input	Pilot plant 2009
PtG test plant Stuttgart	Stuttgart (Germany)	250 kW power input	Pilot plant 2012
PtG test plant Rapperswill	Rapperswill (Switzerland)	25 kW power input	Pilot plant 2014

O conceito de metanação neste relatório é baseado no artigo escrito por Collet et al., (2017), portanto a tecnologia de leito fixo adiabático é utilizada com catalisadores compostos por níquel. Como a reação é exotérmica, é utilizado um sistema de resfriamento intermediário. Essas decisões são baseadas nas seguintes suposições:

- Entrada de CO2 para a metanação: 720 m 3 /hora (1 bar, 20°C)
- de eletricidade : 27,2 MJ/hora
- Saída de CH4 da metanação: 733 m 3 /hora (1 bar, 20°C)
- Composição (% mol): CH*: 96,56%; H2 : 1,69 %; H2O : 1,33 %; CO2 : 0,80%

REQUISITOS DE INJEÇÃO E REDE DE GÁS[2]

O gás que sai do processo de produção precisa atender aos requisitos da rede de gás local. A planta descrita no relatório está localizada na França, por esta razão a composição do gás deve atender aos padrões da rede francesa, portanto o gás precisa ser tratado antes da injeção. A composição do gás injetado na rede é apresentada na Tabela 13. Adicionalmente, são necessárias uma temperatura de 40°C e uma pressão de 5 bar.

Table 13 Dados disponíveis sobre a composição do gás entregue à rede de gás francesa

Compound	Fraction (mol%)	Fraction (wt%)
CH_4	98.54	97.66
H_2	0.58	0.07
CO_2	0.80	2.18
H_2O	0.08	0.09

Como a central está situada nos Países Baixos, deverá cumprir os padrões de rede holandeses. A empresa transportadora de gás, GasUnie Transportation Services, possui redes de transmissão separadas que transportam diferentes qualidades de gás, gás de alto poder calorífico e gás de baixo valor calorífico, onde o gás de baixo valor calorífico é utilizado para exportação (GasUnie , 2017). Devido à produção relativamente baixa, o gás é distribuído localmente e ajustado aos padrões de gás holandeses.

A pressão do gás injetado depende do local da injeção. A rede de gás holandesa consiste em duas redes, a linha de transmissão regional (RTL) e a linha de transmissão de alta pressão (HTL). As pressões necessárias para estas linhas são apresentadas na Tabela 14. A partir destes dados, pode-se concluir que o sistema descrito no relatório deve ser de alguma forma ajustado. Isto porque os requisitos do gás em termos de pressão, temperatura e composição são diferentes. A pressão deve ser aumentada para pelo menos 8 bar com temperatura máxima de 30 graus Celsius, enquanto no relatório é entregue a 5 bar e 40 graus Celsius. Isto pode ser resolvido de forma relativamente simples usando diferentes sistemas de compressão e um trocador de calor. No que diz respeito à composição, não é preciso mudar muita coisa. O único problema que pode ser identificado diz respeito ao teor de hidrogénio no gás. É dado que para o gás francês é de 0,58% em mol, enquanto o teor máximo na grade holandesa é de 0,02% em mol. Esta é uma diferença relativamente grande. Isto pode ser resolvido alimentando o reator de metanação com menos hidrogénio, de modo que este ainda esteja em excesso, mas não numa extensão tão grande. Além disso, a separação do hidrogênio após a metanação pode ser feita e realimentada na entrada, mas devem ser esperados custos adicionais. Portanto, reduzir a quantidade de entrada de hidrogênio deve ser a solução mais fácil.

Table 14 Diferentes redes na Holanda com as pressões exigidas (GasUnie , 2017)

Network	Minimum pressure (bar)	Maximum pressure (bar)
RTL	8	40
HTL	40	67 or 80

Além disso, outros problemas ocorrem em relação ao Índice Wobbe , que está relacionado ao poder calorífico e à densidade de um gás. Após cálculos, concluiu-se que este índice para o gás produzido é ligeiramente elevado para a rede holandesa, nomeadamente cerca de 58 MJ/m 3 onde

---

um máximo de 55,7 MJ/m 3 é permitido na rede holandesa. Para isso, o processo de purificação precisa ser adaptado ou o gás deve ser ligeiramente misturado com um gás (mistura) com índice de Wobbe relativamente baixo .

BALANÇO DE MASSA E ENERGIA

O processo descrito no artigo de Collet et al., (2017) tem entrada de CO2 de 720 m 3 /hora e saída de CH4 de 733 m 3 /hora. Isto é quase duas vezes maior que o CO2 produzido no nosso sistema. Para tornar o sistema global compatível com a nossa capacidade, é calculado um balanço de massa global com o mesmo rendimento de conversão de 99%.

Table 15 Balanço de massa da entrada e saída do sistema de produção de metano.

	Input			Output		
	m³/year	kmol/year	kg/year	m³/year	kmol/year	kg/year
CO_2	4,211,957	176,136	7,750,000	42,120	1,761	7,500
H_2	16,047,980	722,159	1,44,318	622,291	28,003	5,006
CH_4				4,292,308	174,375	2,79,000
H_2O				6,277,500	348,750	6,277,500
Total	20,259,936	898,295	9,194,318	11,234,218	55,889	9,201,006

Como mencionado anteriormente, o processo de metanação é uma reação exotérmica. Para a capacidade utilizada em nosso estudo, 28.771.875 MJ de calor precisam ser removidos por ano. Além disso, a quantidade de eletricidade necessária é calculada reduzindo linearmente a quantidade usada na literatura para a nossa escala. Os resultados são 286.413.183.421 e 469.825 MJ/ano para eletricidade para metanação, eletricidade para separação/atualização final e energia total necessária, respetivamente. Deve-se notar que a eletricidade necessária exclui a quantidade necessária para a eletrólise da água em hidrogênio e oxigênio. Com os dados encontrados em Collet et al. (2017), é calculada a eletricidade necessária para a produção de hidrogénio. Para gerar 1.444 toneladas/ ano de hidrogénio, são necessários 20.638.022 MJ/ano de eletricidade.

RECEITAS E CUSTOS
RECEITAS

As receitas estão relacionadas à quantidade de produto de alto valor produzido e ao preço pedido. Além disso, também é possível vender o gás oxigênio que foi separado do hidrogênio durante a eletrólise. De acordo com Ronsch et al. (2016), o valor do gás metano é de 220 $/ton, o que equivale a 204 €/ton no momento em que este artigo foi escrito, e o oxigénio também pode ser vendido por 275 €/ton. As receitas totais são apresentadas na Tabela 16.

Table 16 Fluxos de receita da planta de metanação

	Amount produced (ton/year)	Revenues (M€/year)
Methane	2,790	0.57
Methane green	2,790	0.82
Oxygen	11,554	3.18
Oxygen green	11,554	4.70
Total	14,344	3.75
Total green	14,344	5.52

CUSTOS DE CAPITAL

No que diz respeito aos custos de capital para a introdução de uma configuração de metanação, há uma série de investimentos a serem feitos. Estes destinam-se à eletrólise, metanação e injeção de metano na rede de gás. A forma de fornecer uma estimativa do custo de capital durante a redução da escala já foi explicada anteriormente. Estes custos estão resumidos na Tabela 17. Os custos de capital excluem o custo de investimento do eletrolisador , que é fixado em 1,5 milhões de euros por eletrolisador . No nosso caso, precisamos de quatro eletrolisadores , para atender aos requisitos de produção de H2. Portanto, os custos totais de investimento são de 6,5 milhões de euros. Para os custos de capital é utilizado um tempo de amortização de 15 anos, o que está em linha com o artigo acima. Portanto, existe um custo de amortização anual de 428.000€.

Table 17 Custo de capital da planta de metanação

	Article plant size (k€)	Chosen plant size (k€)
Methanation	400	369
Injection	130	120
CAPEX total	530	490
CAPEX incl. electrolyser		**6,490**
Depreciation cost per year		433 k€/ year

CUSTOS OPERACIONAIS

As etapas acima mencionadas no processo de metanação envolvem uma série de custos operacionais. A escala entre o artigo e o processo escolhido é dimensionada linearmente, consequentemente reduzida à metade. Os custos operacionais são apresentados na Tabela 18 e excluem os custos de eletricidade.

Table 18 Custo operacional da planta

	Article plant size k€/year	Chosen plant size k€/year
Methanation	49.6	43.4
Injection	100	87.6
Electrolysis	100	87.6
OPEX total	**249.6**	**218.6**

CUSTOS DE ELETRICIDADE

Por último, existem também os custos de eletricidade. A maioria destes custos está relacionada com a electrólise em que a água é separada em hidrogénio e oxigénio gasoso. Outros custos estão relacionados ao funcionamento do equipamento, que é uma espécie de custo operacional. Estes custos foram deliberadamente excluídos dos custos operacionais, por razões comparativas. Finalmente, a combustão do biometano fornece 1 MW de electricidade, pelo que este valor é subtraído da electricidade necessária, Tabela 19. Isto resulta num custo total de 2,6 M€ quando se utiliza energia normal e 5,3 M€ quando se utiliza energia verde, tabela 20.

Table 19 Custo de eletricidade da planta de metanação

	Amount (MW)	Cost (M€/year)
Electricity for hydrogen production	8.34	
Electricity for operation	0.02	
(Electricity available)	(1.0)	
Total electricity needed	**7.36**	**1.854**

Tabela 20 Custo total da planta de metanação

	(M€/year)
CAPEX	0.433
OPEX	0.219
Electricity costs	1.854
Electricity costs	3.841
Total costs	**2.506**

Table 20Planta de metanação de lucro bruto

	(M€/year)
Revenues	3.747
Revenues green	5.515
Cost	2.501
Cost green	3.841
Gross profit	**1.246**
Gross profit green	**1.017**

CO2 EM ÁCIDO FÓRMICO

Embora o H2 forme um reagente igualmente importante como o CO2 neste processo, ele não receberá tanta atenção. Esta secção valoriza o potencial técnico do processo, mesmo que todo o sistema socioeconómico possa não parecer atraente. É óbvio que a produção de H2 purificado é um processo caro. Portanto, aumentará muito os custos de produção de toda a planta, bem como o preço por quilo do FA baseado em CO2.

No entanto, o processo ainda pode ser lucrativo no futuro. O H2 pode ser produzido de forma mais eficiente e, portanto, mais barato, de modo que os custos de produção do AF diminuam. Além disso, como o FA é produzido a partir de produtos iniciais verdes, possui um rótulo verde. Isso o torna um produto mais valioso em relação ao FA convencional. Por último, potenciais legislações futuras poderão tornar financeiramente mais atraente a utilização de CO2 residual, o que também diminui os custos de produção.

Esta secção mostra que a conversão de CO2 em FA é uma utilização alternativa tecnicamente viável para o CO2. Será assumido que o H2 pode ser produzido através de um método verde e que está amplamente disponível. Portanto, é interessante observar os detalhes do processo.

ÁCIDO FÓRMICO

Globalmente, existe um mercado considerável para FA. Em 2012, a produção global de FA foi de 620 mil toneladas e espera-se que aumente para 760 mil toneladas em 2019 (Markets&Markets , 2014). A FA encontra aplicação em têxteis, produtos farmacêuticos e, recentemente, cada vez mais, em produtos químicos para alimentação animal (Perez-Fortes et al., 2016). Em 2014, o preço do FA 85% puro (que é a pureza mais comum) era de 0,51 a 0,60 euros na Europa (Afshar, 2014). Tradicionalmente, o FA é sintetizado através de 4 rotas diferentes, sendo a mais comum a hidrólise do formato de metila (Perez-Fortes et al., 2016). Este é um processo de dois estágios, no qual o CO e o metanol reagem primeiro para formar formato de metila . Este último é hidrolisado na segunda etapa para formar metanol e FA. Um novo método para produzir FA usando CO2 e H2 como reagente foi patenteado recentemente (Schaub et al., 2014). A Figura 11 mostra esquematicamente ambos os caminhos.

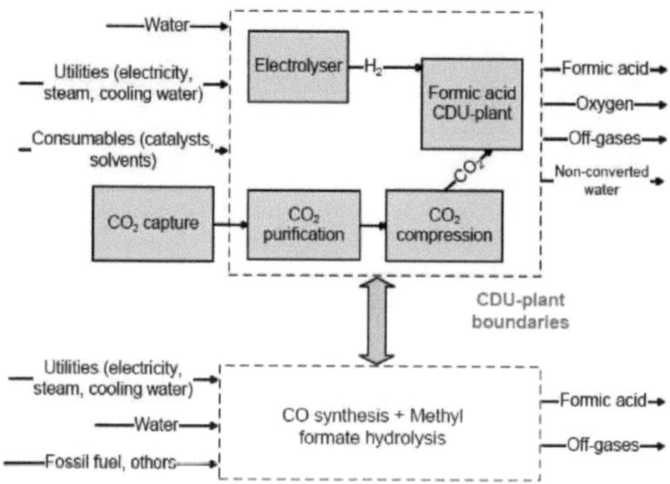

Figura 11 Representação esquemática da rota convencional e baseada em **CO2** para FA, adotada de Perez-Fortes etal ., (2016)

DESCRIÇÃO DO SISTEMA

A catálise química foi selecionada em vez da rota eletroquímica levando em consideração que, em geral, a catálise química é realizada há mais anos. O processo considerado para a produção de FA a partir do CO2 capturado é baseado em catálise homogênea e o layout segue o processo descrito na patente de Schaub et al. O processo de síntese pode ser dividido em cinco seções:

- Estágio de compressão
- Estágio de reação
- Estágio de separação líquido-líquido para recuperação de catalisador
- Estágio de decapagem para recuperação de metanol
- Etapa de destilação reativa para formação e purificação do produto FA

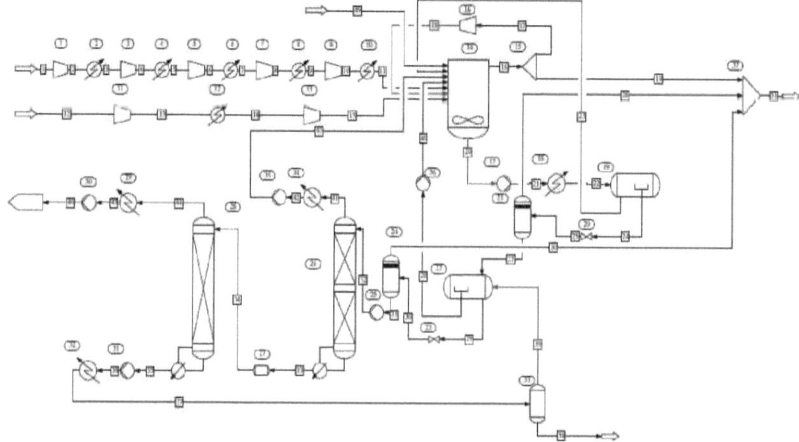

Figura 12 Diagrama de fluxo do processo da planta FA. Adotado de Peres-Fortes et al. (2016)

ESTÁGIO DE COMPRESSÃO

Supõe-se que o CO2 capturado esteja disponível nas condições ambientais, como o pior cenário possível. Portanto, a corrente de alimentação de CO2 que chega à pressão atmosférica e à temperatura ambiente (corrente 1), é comprimida em um sistema de compressão de cinco estágios até 105 bar (unidades 1, 3, 5, 7, 9).

Ele é resfriado a 25°C nos estágios intermediários de resfriamento (unidades 2, 4, 6, 8) e a 30°C no pós-resfriador (unidade 10), que condensa a corrente de CO2 que vai para o reator. Supõe-se que os compressores operem com uma eficiência isentrópica de 75%, o que leva a um consumo de eletricidade de 130 kW.

A corrente de alimentação de H2 entra no processo a 30 bar e temperatura ambiente (corrente 12), proveniente do eletrolisador . É comprimido em duas etapas, até 105 bar , consumindo 35 kW de energia elétrica (unidades 11 e 13, com refrigeração intermediária, unidade 12). No eletrolisador é necessário um fluxo de 900 kg/h de água. O eletrolisador consome 5,7 MW de eletricidade e produz o H2 necessário e 720 kg/h de oxigênio como subproduto. Supõe-se que o oxigênio seja disponibilizado ao mercado, sem qualquer condicionamento adicional do fluxo.

ESTÁGIO DE REAÇÃO

O tamanho do reator foi considerado proporcional ao reator descontínuo considerado nos testes de laboratório relatados, ampliados com base na vazão de CO2 de entrada; o tamanho resultante é de cerca de 18,5 m3 . No recipiente do reator (unidade 14), a reação líquida de CO2 e H2 com a amina para formar o aduto FA-amina ocorre sob a presença de um catalisador à base de rutênio e fosfina. A reação simplificada é expressa como:

$$CO_2 + H_2 + C_{18}H_{39}N \longrightarrow C_{18}H_{39}N - HCOOH \tag{9}$$

O reator foi projetado para atingir uma conversão de 19% do H2 recebido. O H2 não convertido sai do reator na fase gasosa, junto com algum CO2 não resolvido. A temperatura do reator é fixada em 93°C. Embora a reação seja exotérmica, é necessária uma pequena quantidade de vapor para manter a temperatura a 93 °C (cerca de 300 kW a 110 °C).

O gás que sai do reator é reciclado de volta (corrente 18) para a entrada com um compressor (unidade 16), enquanto uma pequena porcentagem de gás é purgada para evitar o acúmulo de componentes não reagidos (reativos e inertes) (corrente 19; fração de divisão 1% em massa). A taxa de reciclagem é altamente dependente da temperatura do reator e da quantidade de CO2 dissolvido na fase líquida. Esta fase líquida (corrente 20) possui duas partes bem diferenciadas: uma fase pesada, enriquecida com o aduto e o solvente polar, e uma fase leve, enriquecida com a amina terciária (que não se combina para formar o aduto) e o catalisador homogêneo . A amina livre está presente em ambas as fases.

RECUPERAÇÃO DE CATALISADOR

Após o resfriamento (unidade 18) do produto líquido do reator, a amina e o catalisador podem ser reciclados de volta ao reator após a separação da fase leve em um decantador (unidade 19). A pressão do produto líquido do reator é aumentada até 130 bar (unidade 17), a fim de evitar um flash de CO2 no decantador (para facilitar a separação líquido-líquido a jusante), que pode assim ser operado com uma eficiência de separação de 85 %: isso significa que 15% da fase leve permanece na fase pesada. Como o catalisador é muito caro e para recuperar o máximo possível, é colocado um segundo decantador a jusante (unidade 22). Isto é operado a 70 bar , após uma separação dos gases de vaporização em um recipiente de vaporização (unidade 21). Para aumentar a recuperação do catalisador, a quantidade de amina é aumentada na unidade 22 pela adição da corrente de amina reciclada da etapa de purificação (corrente 39). No modelo, é assumida uma recuperação completa do catalisador para simplificar os cálculos de reciclagem. Quanto aos custos, assumiu-se que o catalisador é renovado uma vez por ano.

RECUPERAÇÃO DE METANOL

O metanol é recuperado numa coluna de stripping trabalhando a 3 bar (unidade 26). Antes de alimentar a corrente 29 para a coluna, os gases leves são separados à pressão atmosférica em um vaso flash (unidade 24).

A pureza do produto de fundo da coluna de extração (corrente 33) é ajustada para se adequar à pureza desejada do produto de FA, aproximadamente 85 % em peso (corrente 43). O produto superior, que contém metanol, água e CO_2 dissolvido, é condensado e reciclado de volta ao reator (corrente 32). Para efeitos de custos, assumiu-se que o solvente à base de metanol é renovado uma vez a cada dez anos.

FORMAÇÃO E PURIFICAÇÃO DE ÁCIDO FÓRMICO

Ao reduzir a pressão para 250 mbar e aumentar a temperatura para 180 °C, é iniciada a dissociação do aducto em FA e amina. Isto acontece numa coluna de destilação reativa onde, adicionalmente, também ocorre a separação da amina do produto FA. Para fins de modelagem, a reação e a separação acontecem em duas operações unitárias separadas. Num reator adiabático (unidade 27), o aduto é decomposto em FA e amina, como segue:

$$C_{18}H_{39}N - HCOOH \rightarrow C_{18}H_{39}N + HCOOH \tag{10}$$

A reação endotérmica leva a uma redução de temperatura de 175°C (na corrente 33) para 88°C (na corrente 34). Este calor é adicionado na coluna (unidade 28) para atingir a temperatura inferior de 180 °C, pois é aqui que a reação realmente ocorre. A separação do FA da amina (na unidade 28) é complexa, pois a mistura de FA, amina e metanol pode formar duas fases líquidas. Nas condições selecionadas na unidade 28, evita-se a decomposição em dois líquidos dentro da coluna. A corrente de alimentação (corrente 34) tem uma concentração de FA de 11%, com 1% de metanol e 88% de amina em massa.

Forma duas fases líquidas. Porém, como a maior parte do FA pisca no topo da coluna, a composição líquida na primeira bandeja já está fora da região trifásica, com uma composição de 3% de FA, 0,5% de metanol e 96,5% de amina, em massa . A coluna (unidade 28) é modelada com quatro estágios de equilíbrio. Isto é suficiente, pois a separação de FA e amina é relativamente simples devido à grande diferença nas pressões de vapor.

A amina é reciclada do fundo da coluna (corrente 35) para o decantador secundário (unidade 22) para aumentar a recuperação do catalisador. Para simplificação da modelagem, a fração restante de FA (0,3% em base molar) na corrente 37 é separada da corrente de amina na unidade 33 (que não representa uma operação unitária física real).

Diferentes correntes de purga resultam do fluxograma modelado: corrente 38 (como resultado da separação na unidade 33), corrente 19 (conforme descrito na seção do estágio de reação), corrente 26 (como resultado da unidade de flash 21, explicada no unidade de recuperação de catalisador) e corrente 50 (como a fase gasosa liberada na unidade flash 24, explicada na unidade de recuperação de metanol).

O fluxo de amina não é explicitamente eliminado no modelo. Para efeitos de custos, assumiu-se que a amina é renovada uma vez a cada dez anos. Por fim, o FA produzido (corrente 44), proveniente do condensador da coluna, é resfriado (unidade 29) e enviado para um tanque de produto.

ESCALA

O processo de Perez-Fortes et al. (2016) está apto a produzir 12 mil toneladas de FA por ano. Em nosso sistema, a saída é dimensionada para a quantidade de CO2 disponível na parte de purificação de gás. A quantidade de CO2 disponível na purificação do biogás (5,5 kt /ano). Idealmente, isso resultaria em uma produção de 6,59 ktFA /ano, Tabela 22. Os outros compostos também podem ser reduzidos linearmente, Tabela 23.

Tabela 22 Redução linear da planta desejada da literatura (Perez-Fortes et al., 2016)

	Plant Literature	Desired Plant
Produced FA (kt/year)	12.00	9.23
CO_2 used (kt/year)	10.08	7.75
H_2 used (kt/year)	0.72	0.55

Tabela 23 Downscaling de outros compostos (Perez-Fortes et al., 2016)

	Plant Literature	Desired Plant
Ruthenium-based catalyst (kg/year)	30.00	23.10
Phosphino-based catalyst (kg/year)	15.00	11.54
Methanol used (kt/year)	1.91	1.47
Amine used (kt/year)	1.28	0.98

RECEITAS E CUSTOS

CUSTOS OPERACIONAIS

Como nosso processo tem aproximadamente metade do tamanho do processo descrito na literatura, é plausível assumir que o custo operacional pode ser reduzido linearmente. Os dois maiores contribuintes para os custos operacionais são os serviços públicos e os consumíveis (vapor e electricidade). Os preços por quilo dos consumíveis podem ser considerados iguais para ambas as escalas. Além disso, presume-se também que as necessidades energéticas serão reduzidas linearmente. Mesmo que a eficiência não seja exatamente a mesma para ambas as escalas, a diferença será apenas pequena. A Tabela 24 apresenta os custos operacionais. Dado que a electricidade necessária para a electrólise é superior a 90% das necessidades totais de electricidade, assume-se que os consumíveis para a instalação reduzida são muito mais baixos.

Table 24 Custos operacionais

Type	Price literature (M€/yr)	Price downscaled (M€/yr)
Salary and overheads	3.1	2.65
Maintenance	0.2	0.17
Interest	0.1	0.08
Utilities	6.5	5.55
Consumables	8.2	7.00
Raw materials	0.4	0.34
Total	18.5	15.79

CUSTOS DE CAPITAL

Novos custos de capital podem ser estimados usando a regra dos seis décimos Coulson & Richardson, 2005. *A Tabela 4* mostra os custos de capital para a planta. Os custos de capital são relativamente pequenos em comparação com os custos operacionais, o que diminui o risco de investimento.

$$Capital\ costs\ 2 = \left(\frac{Production\ 2}{Production\ 1}\right)^{0.6} * capital\ costs\ 1 \tag{11}$$

Table 25 Custos de capital

Equipment	Price literature (k€)	Price downscaled (k€)
Compression	2,036	1,739
Separation processes	731	624
Reactor	446	381
HEX	363	310
CO₂ purification	212	181
Pumps	138	118
Total	3,926	3,353

BALANÇO DE MASSA

Table 26 Balanço de massa das entradas e saídas do sistema de produção de AF. 'Incluindo CO2, H2, água, solvente e aminas

	Input		Output	
	m³/year	kg/year	m³/year	kg/year
CO₂	3,920,081	7,750,000	78,401	155,000
H₂	6,159,323	553,600	2,278,950	204,832
Make ups*	0	2,454,116	0	1,171,884
CHOOH	0	0	7,562	9,226,000
Total		10,757,716		10,757,716

CO 2 PARA METANOL

O metanol é hoje utilizado em produtos farmacêuticos, fibras de borracha, plásticos, tintas e corantes (Huang & Tan, 2014) e pode ser utilizado como combustível para automóveis puro ou misturado com gasolina (Van-Dai & Bouallou , 2013). Desta forma, o metanol pode tornar-se uma importante alternativa renovável ao petróleo. Mas também, o metanol pode ser convertido em outros produtos químicos valiosos, como carbonato de dimetila e éter dimetílico (Huang & Tan, 2014). Além disso, em 2014, o mercado global de metanol era de cerca de 75 milhões de toneladas (Huang & Tan, 2014). Nesta seção, a conversão de CO2 e hidrogênio em metanol e água é descrita usando Cu/ ZnO como catalisador com AI2O3 como promotor, conforme mostrado na Figura 13. Perez-Fortes et al. (2016) fizeram uma análise técnico-económica numa planta semelhante, Van-Dai & Bouallou (2013) fizeram uma simulação de uma planta de CO 2 para metanol. Esta análise foi utilizada e reduzida para estimar a energia elétrica e térmica necessária para converter todo o CCh produzido e estimar os custos de capital da planta.

$$CO_2 + 3H_2 \rightleftharpoons CH_3OH + H_2O$$

(12)

Figura 13 Reação do hidrogênio e do CO2 com metanol e água.

PROCESSO

O processo de produção de metanol a partir de CO2 é descrito por Van-Dai & Bouallou (2013). A entrada para este processo é o H2 do eletrolisador e o CO2 capturado nas etapas anteriores do processo. O CO2 e o H2 são ambos alimentados a 25 °C a 1 e 30 bar , respectivamente. Ambos são comprimidos individualmente a 78 bar , onde depois são misturados e remixados usando um fluxo de reciclagem. Antes da mistura entrar no reator adiabático de leito compactado, a corrente é aquecida a 210°C. A corrente de saída deste reator é dividida em duas: uma utilizada para aquecer a corrente de entrada do reator de leito empacotado e outra é utilizada em um refervedor. Depois que as correntes são remisturadas e resfriadas com água a 35°C, a água e o metanol são separados dos gases que não reagiram em um tambor removível. Metanol bruto composto de metanol, água e gases residuais dissolvidos fluem para fora do tambor knock-out na corrente líquida. Esses gases residuais são quase completamente removidos em um tanque flash após passarem por duas válvulas. Essa corrente é então aquecida a 80°C em um trocador de calor e enviada para uma coluna de destilação. Esta coluna de destilação fornece duas correntes de saída: uma com água a 102 °C e 23 ppm em peso de metanol no topo e 1 bar, metanol a 64 °C na parte inferior na forma gasosa contendo 69 ppm em peso de água e gases não alcançados . A corrente de metanol é então comprimida e resfriada novamente a 40 °C, após o que os gases que não reagiram saem em um tambor removível na parte superior e o metanol na forma líquida na parte inferior. Todo o fluxograma do processo pode ser encontrado na Figura 14.

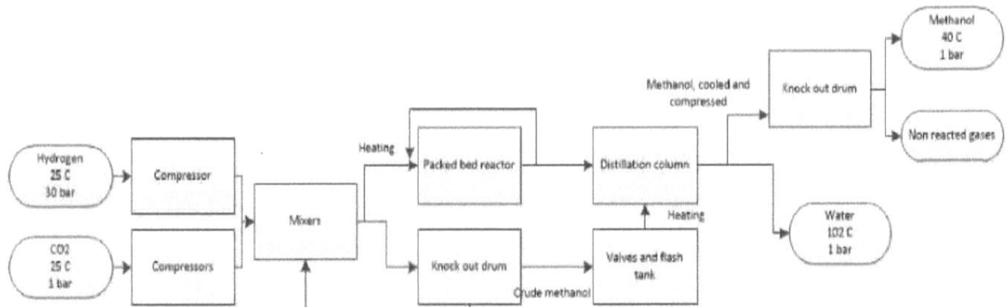

Figura 14 *Fluxograma de processo simplificado para produção de metanol e água a partir de CO 2 e hidrogênio. Adotado de Van-Dal & Bouallou , (2013).*

ENERGIA NECESSÁRIA

A simulação de Van-Dal & Bouallou (2013) considerou uma planta com produção anual de metanol de 470,5 mil toneladas . A simulação estimou a eletricidade necessária para a hidrólise da água, a captura de CO2 e a síntese e purificação do metanol em termos de energia térmica e elétrica. Ao analisar a captura de CO2, foram necessários apenas 28,3 MW de energia térmica e 22 MW de energia elétrica para as 470,5 mil toneladas . O objetivo do relatório é processar 7,75 mil toneladas de CO2. Assumindo um rendimento de 0,67 toneladas de metanol por tonelada de CO2, pode ser produzida uma produção de 5,2 mil toneladas de metanol (Van-Dal & Bouallou , 2013). Assumindo para a planta menor que as mesmas eficiências energéticas serão mantidas, a energia térmica e elétrica necessária para a produção de 5,2 mil toneladas de metanol pode ser calculada. Então, são necessários 0,31 MW de energia térmica e 0,24 MW de energia elétrica. Como 1 MW de energia elétrica e 3 MW de energia térmica são produzidos a partir da combustão do esterco de vaca, a etapa de síntese e purificação do metanol poderia ser cumprida.

BALANÇO DE MASSA

Nos artigos de Van-Dal & Bouallou (2013) e Huang e Tan (2014) é descrita uma conversão de 18 toneladas de CO2 que forneceria 10 toneladas de metanol. A entrada para o processo foi fixada em 7.750 toneladas CO2/ano e a partir daí foram calculados todos os demais valores. O balanço de massa do artigo de Van-Dal & Bouallou (2013) foi utilizado para estimar a quantidade de mols que não reagiriam. Os subprodutos consistem em álcoois, metano, éter dimetílico e formato de metila .

TABELA 27 Balanço de massa da entrada e saída do sistema de produção de metanol.

	Input			Output		
	m³/year	kmol/year	kg/year	m³/year	kmol/year	kg/year
CO_2	4,212,000	176,136	7,750,000	278,563	11,649	512,556
H_2	11,742,424	528,409	1,056,818	416,806	18,756	37,513
CH_3OH				6,593,994	163,201	5,222,443
H_2O				2,967,898	164,883	2,967,898
Byproducts				67,200	2,800	67,200
Total			8,806,818			8,807,610

RECEITAS E CUSTOS

RECEITAS

Tal como os produtos valiosos acima mencionados , as receitas de um produto valioso dependem dos produtos valiosos produzidos e do seu preço. Além disso, o oxigênio proveniente da hidrólise pode ser vendido. Este valor difere para cada produto valioso. O valor do metanol é estimado em 371 €/tonelada utilizando o mesmo método que os outros produtos verdes valiosos foram estimados. O oxigénio também pode ser vendido por 275€/ton. Portanto, as receitas são as seguintes.

TABELA 27 Fluxos de receita da planta de metanol

	Amount produced (ton/year)	Revenues (M€/year)
Methanol	5.200	1.93
Green Methanol (extrapolated)	5.200	2.77
Green Methanol (oral information)	5.200	5.20
Oxygen	7.700	2.11
Green Oxygen	7.700	3.12
Total	129.000	4.04
Total Green	129.000	5.89

O metanol verde tem um valor superior ao metanol convencional, cujo preço é utilizado para calcular as receitas na tabela. A diferença é maior em comparação com as alternativas. A razão para isso é a alta demanda por metanol verde e o grande mercado. O preço do metanol verde está estimado em cerca de 1.000 €/tonelada 3.

CUSTOS DE CAPITAL

Os custos de capital são estimados por Perez-Fortes et al. (2016) para planta de CO2 para metanol de 440 mil toneladas de metanol por ano. Os custos totais de capital fixo incluem os custos de concepção, construção, modificações e construção da central e foram estimados em 200 M€. Utilizando a "regra dos seis décimos" explicada nas secções anteriores, podem ser calculados os custos totais de capital fixo para a unidade de produção de metanol de 5,2 mil toneladas . Para completar os custos de capital, somam-se os custos de aquisição do eletrolisador . Como são necessárias 715 toneladas de hidrogênio por ano para a produção de metanol de 5.200 toneladas por ano e a produção de um eletrolisador é de 3.80 toneladas de hidrogênio por ano, são necessários dois eletrolisadores . Estes eletrolisadores têm custos de capital de 1,5 M€ por eletrolisador , resultando num custo total de capital de 16,95 M€.

Table 28 Custo de capital da planta de metanol

	Article plant size	Chosen plant size
Methanol	€200 million	€13.95 **million**
	CAPEX incl. electrolyzer	€16.95 million
	Depreciation cost per year	1.13 M€/ year

De acordo com um relatório da Agência Internacional para as Energias Renováveis, o custo de capital na fábrica da Islândia é de 9 500 dólares/t/ano, o que corresponde a 9 000 euros/t/ano 25 . Os custos de capital para a fábrica projetada neste relatório são de 3.054 €/t/ano, o que é consideravelmente inferior ao da fábrica da Islândia. Deve ser mencionado que à medida que a escala aumenta, os custos de capital por tonelada por ano diminuirão.

CUSTOS OPERACIONAIS

Ao utilizar o artigo de Perez-Fortes et al., (2016) os custos operacionais podem ser determinados. Neste artigo, os custos operacionais são determinados e divididos em custos operacionais variáveis e fixos. Os custos operacionais fixos consistem em salários, despesas gerais, manutenção e juros, enquanto os custos operacionais variáveis consistem em grande parte (95,9%) em custos de matérias-primas. Os custos desta matéria-prima são compostos principalmente pelos custos de aquisição de hidrogénio. A central descrita neste relatório produz o seu próprio hidrogénio e, portanto, não terá estes custos. Para a determinação dos custos operacionais somam-se os custos fixos e variáveis e subtraem-se os custos de aquisição do hidrogénio. Estes custos podem ser calculados multiplicando a quantidade de hidrogénio que é utilizada por tonelada de produção de metanol, 0,199, pelo preço de compra do hidrogénio, 3.090 €/tonelada, então, os custos são aumentados em 15% devido à redução da planta. Os números dos custos operacionais podem ser encontrados na Tabela 30 onde os custos operacionais totais serão de 306.000 € por ano.

Table 30 Custo operacional da planta de metanol

	Article plant size €/ton methanol
Fixed operational costs	**24.57**
Variable operational costs	**641,48**
Hydrogen purchase	**614.91**
OPEX per ton methanol	**51.14**
OPEX total article	266 k€
OPEX total	306 k€

CUSTOS DE ELETRICIDADE

Os custos de eletricidade concluem os custos da usina. A maior parte dos custos de electricidade diz respeito à parte da electrólise da água, que consome muita energia. Depois, há os custos de eletricidade para o funcionamento da usina, os custos operacionais. No entanto, para comparar os diferentes produtos valiosos, estes foram excluídos da secção de custos operacionais e incluídos nesta secção. Finalmente, a combustão do biometano fornece 1 MW de eletricidade, portanto este valor é subtraído da eletricidade necessária. Isto resulta num custo total de 1,21 M€ quando se utiliza energia regular e 2,43 M€ quando se utiliza energia verde, Tabela 31.

Tabela 31 Custo de eletricidade da planta de metanação

	Amount (MW)	Cost (M€/year)	Cost green (M€/year)
Electricity for hydrogen production	4.13		
Electricity for operation	0.24		

(Electricity available)	(1.0)		
Total electricity needed	**3.37**	**1.21**	**2.43**

Tabela 32 Custo geral da planta de metanol

	(M€/year)
CAPEX/year	1.13
OPEX/year	0.31
Electricity costs/year	1.21
Electricity costs/year green	2.43
Total costs	**2.65**
Total cost green	3.87

Tabela 33 Lucro bruto da planta de metanol

	(M€/year)
Revenues	4.04
Revenues green	5.89
Cost	2.65
Cost green	3.87
Gross profit	**1.39**
Gross profit green	2.03

CATALISADOR

Um aspecto importante na produção de metanol na forma de CO2 é a escolha de um catalisador apropriado. Várias pesquisas foram feitas sobre a atividade e estabilidade do catalisador heterogêneo e várias se revelaram altamente importantes (Razali et al., 2012) e foram descritas por Huang & Tan (2014): 1) a estrutura do metal e do catalisador, 2) a uniformidade do tamanho das partículas metálicas, 3) a distribuição do metal no suporte, 4) o crescimento da partícula metálica durante a operação; 5) a área superficial dos catalisadores; 6) os sítios ativos do catalisador; 7) a estabilidade e durabilidade dos catalisadores; 8) os tipos de promotores e apoiadores.

Usando estes critérios, o AI2O3 à base de Cu/ ZnO preparado por co-precipitação revelou-se o catalisador mais eficiente. Uma vantagem deste catalisador é que o Cu é bastante barato devido à sua abundância. O Cu é um catalisador altamente ativo e seletivo para o metanol e, portanto, a área superficial precisa ser a maior possível para garantir o desempenho ideal. É aqui que entra o AI2O3: ele atua como óxido refratário e promotor estrutural para aumentar a área superficial total do catalisador e a distribuição de Cu ao longo dele. Além disso, aumenta a estabilidade mecânica do compósito e a estabilidade da estrutura Cu/ ZnO .

O ZnO é geralmente aceito como um espaçador físico entre as partículas de Cu e aumenta a dispersão do Cu. A relação ótima entre eles é Cu:ZnO 70:30 (Huang & Tan, 2014). O papel exato do ZnO é controverso, porém sua contribuição para a dispersão e estabilidade do catalisador faz com que ele aumente a atividade (Huang & Tan, 2014).

QUANTIDADE DE CATALISADOR E TAMANHO DO REATOR

A quantidade de catalisador Cu/ ZnO /AI2O3 necessária é outro aspecto da planta que precisa ser calculado. Para os 470,5 kton de Van-Dai & Bouallou (2013), foram utilizados 44.500 kg no reator de leito empacotado. Para calcular a quantidade de catalisador necessária anualmente, a cinética da reação deve ser conhecida. Primeiro de tudo, a taxa de reação foi determinada. A fórmula (13) para a taxa de reação para o mesmo processo foi adotada a partir do artigo de Van-Dai & Bouallou (2013). Os parâmetros ki , 1Q, kj , k» e ks foram calculados usando a fórmula (14) usando as constantes para

A e B também fornecidas no artigo de Van-Dai & Bouallou . A constante Ke q i foi calculada usando a fórmula (15). As pressões para cada um dos compostos foram determinadas com base no balanço de massa e sua fração de pressão foi medida. Isto resultou em uma taxa de reação de 0,001934 mol /(kg cat s). Conhecendo esse número, a quantidade de catalisador necessária poderia ser calculada usando o tempo de operação e a quantidade de mols de metanol produzidos. Isto deu uma quantidade necessária de catalisador de 2.930 kg.

$$r_{CH_3OH} = \frac{k_1 P_{CO_2} P_{H_2} \left(1 - \frac{1}{K_{eq1}} \frac{P_{H_2O} P_{CH_3OH}}{P_{H_2}^3 P_{CO_2}}\right)}{\left(1 + k_2 \frac{P_{H_2O}}{P_{H_2}} + k_3 P_{H_2}^{0.5} + k_4 P_{H_2O}\right)^3} \quad \left[\frac{mol}{kg_{cat}\ s}\right]$$

(13)

$$k_i = A_i \exp\left(\frac{B_i}{RT}\right)$$

(14)

$$\log_{10} K_{eq1} = \frac{3066}{T} - 10.592$$

(15)

Utilizando a densidade do catalisador mencionada no artigo de Van-Dai & Bouallou (2013) o volume de catalisador necessário pôde ser calculado. O volume do catalisador foi de 1,65 m3 . Um experimento em pequena escala descrito no mesmo artigo foi usado para determinar o tamanho do reator. A razão volume de catalisador/reator de volume foi calculada para o experimento em pequena escala e o tamanho do reator do reator de leito compactado foi calculado. O volume do reactor de leito compactado foi de 2,53 m3 . Este número parece bastante pequeno. Isto é causado pelo experimento em pequena escala que utiliza uma alta proporção de catalisador por volume. Portanto, o reator real deve ser um pouco maior.

CO 2 PARA ETILENO GLICOL

A partir do CO2, outros produtos químicos de alto valor podem ser sintetizados, como o MEG através da via de 2 *CO2+ 5 H2 —> C2H6O2 + 2 H2O*. MEG é um importante composto orgânico utilizado em diversos processos industriais. Na sua forma pura, o MEG apresenta-se como um líquido semelhante a um xarope, inodoro, incolor e de sabor adocicado (IEA-ETSAP, 2013). É um bloco de construção básico para aplicações que requerem: intermediários químicos, acopladores de solventes, solventes para depressão do ponto de congelamento ou umectantes (MEGlobal , 2017). Essas aplicações são vitais para a fabricação de produtos como resinas, fluidos de degelo, fluidos de transferência de calor, anticongelantes e refrigerantes automotivos, adesivos à base de água, tintas látex e emulsões asfálticas, capacitores eletrolíticos, fibras têxteis, papel e couro (MEGlobal , 2017). O mercado mundial de MEG foi estimado em 26,0 quilotons por ano em 2014 (Fibre2Fasion, 2014). Espera-se que o valor do mercado cresça para 37,5 mil milhões de dólares até 2022 (Credence Research, 2016).

Seshadri et al., (1994) encontraram um novo caminho para a redução de CO2 a metanol em um baixo sobrepotencial com o uso de piridínio, um ácido catiônico conjugado de piridina, Figura 15. Várias pesquisas foram conduzidas sobre o uso de piridínio como um eletrocatalisador homogêneo em um processo de eletrólise para converter CO2 em metanol (Razali et al., 2012). Em 2014, a Liquid Light Incorporation (LLI) anunciou que pode converter CO2 em MEG com o uso de materiais baratos e com baixo custo de produção, US$ 125/tonelada em comparação com US$ 600-1.100/tonelada na indústria (BiofulesDigest , 2014) . Este processo baseado em combustíveis fósseis foi patenteado e está em pleno desenvolvimento pela LLI (Cole et al., 2012). Ao analisar a pesquisa de Tamura et al., (2015), pode-se observar que o MEG pode ser sintetizado a partir do CO2 utilizando imidazólio, Figura 15.

Figura 15 (a) piridínio e (b) imidazólio

SISTEMA

O processo real permanece obscuro, mesmo após a análise das patentes, no entanto, foi afirmado pelo LLI que foram utilizados materiais baratos (LLC, 2015). Além disso, um fornecedor de eletrólise chamado NEL Hydro equipa suas máquinas de eletrólise com ânodos e cátodos de aço niquelado ou niquelado (NEL Hydro, 2017). Assim, presume-se que o LLI utiliza níquel, pois está amplamente disponível (Kuck , 2013). O eletrólito usado é KC1 0,5 M e o catalisador homogêneo é imidazólio 0,01 M. O fluxo de gás CO2 precisa ser purificado antecipadamente para conter apenas pequenos vestígios de enxofre , pois o imidazólio é altamente reativo com o enxofre (Swapnil et al., 2014). Embora o imidazólio seja um catalisador barato, o equipamento ficará corroído rapidamente se nenhuma purificação for realizada. Uma visão geral esquemática é apresentada na Figura 16.

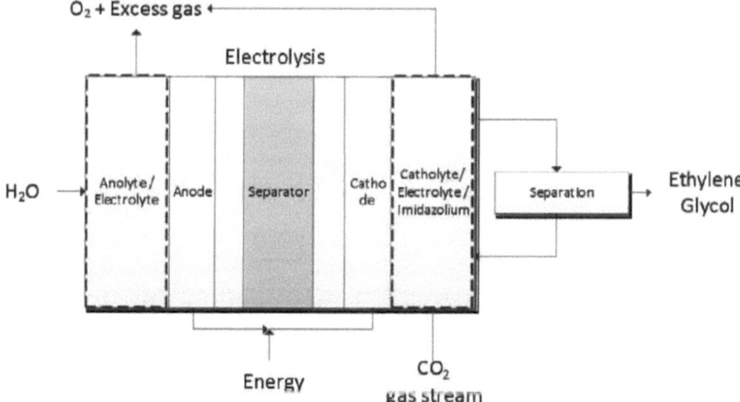

Figura 16 Visão geral esquemática da eletrólise e da unidade de separação MEG.

PRODUÇÃO DE HIDROGÊNIO

Antes de determinar uma técnica de separação adequada, é aconselhável verificar se há lucro líquido após a eletrólise, assumindo que nenhuma separação é necessária. Isto pode ser realizado determinando o custo de produção de hidrogênio através da determinação do consumo elétrico da eletrólise. O consumo elétrico para produzir a quantidade adequada de hidrogênio para a conversão de CO2 pode ser determinado utilizando os dados da NEL Hydro (NEL Hydrogen, 2017) e o balanço molar: $2\ CO2(g) + 5\ H2(g) \rightarrow C2H6O2(l) + 2\ HiO\ (l)$. No total, 7.750 toneladas de CO2 devem ser processadas a cada ano, ou 22.017 mol/h, assumindo uma produção de 8.000 horas.

A produção de MEG em relação à produção de hidrogênio pode ser determinada com o balanço molar, pois CO2 e Hz reagem 2:5,55,043 mol/h H2 é necessário. 2 mol de CO2 reagem com 1 mol de MEG, com uma eficiência faraday de 87 % (Tamura et al., 2015), resultando em uma produção horária de 9.577 mol de EG ou 594 kg/h.

Além disso, o oxigênio é produzido como subproduto, pode ser pressurizado e vendido a terceiros. O oxigénio está avaliado em € 279/ton (Chemicool , 2012) a 9 bar . O custo estimado da compressão de oxigénio é de 10% do custo CAPEX do eletrolisador (NEL Hydrogen, 2017) e resulta numa receita de € 275/ton O2. Um mol de MEG requer quatro mols de H2 e, portanto, dois mols de O2. Portanto, serão produzidas 1,03 toneladas de oxigênio para cada tonelada de MEG produzida. Em termos de receitas, uma tonelada de MEG produzido poderia gerar uma possível receita extra de 287,5 euros quando o oxigénio for vendido. Porém, como a síntese de MEG ocorre no eletrolisador , impurezas na corrente de oxigênio podem estar presentes.

DA ESCALA DE LABORATÓRIO À ESCALA DE PLANTA

A fim de verificar a viabilidade da instalação de produção de MEG, a reação em escala de laboratório é extrapolada para a escala de planta. Tamura et al., (2015) não detalha a cinética da reação. Com as informações fornecidas, o tamanho do reator foi estimado com a quantidade de CO2 do biogás que entra no reator. O reator que foi utilizado por Tamura et al. (2015) é mostrado na Figura.

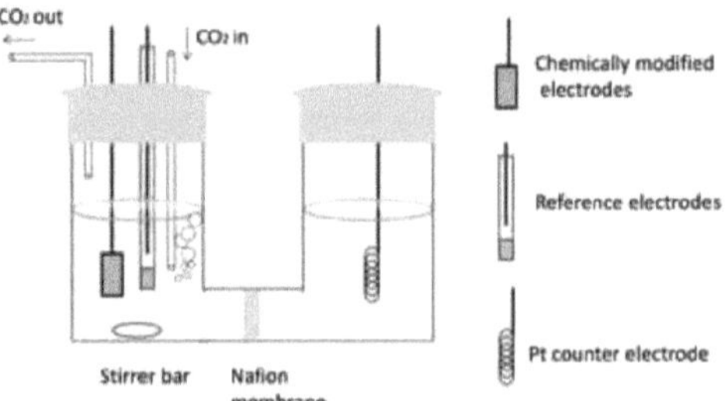

Figura 17 Ilustração esquemática da célula eletroquímica de dois compartimentos empregada para experimentos de eletrólise de CO2 (Tamura et al., 2015)

O tamanho do reator da planta pode ser estimado assumindo que todo o CO2 será consumido para a produção de MEG. As limitações de transferência de massa de CO2 da fase gasosa absorvida para a fase líquida e adsorvida no catalisador serão negligenciadas, uma vez que Tumara et al. (2015) não se aprofunda neste tema. A taxa de reação em escala de laboratório é de 1,15 pmol /hora. Pode-se observar que a quantidade de CO2 é excessiva porque há muito mais adição do que na reação estequiométrica. Portanto, assume-se que a reação é uma reação de primeira ordem. Se a taxa de reação e as concentrações permanecerem as mesmas, então o volume é linear dependente do fluxo de saída. Então, a razão entre a quantidade de MEG produzida em escala laboratorial e a quantidade de MEG produzida em escala industrial é a mesma razão entre o volume do reator e os fluxos volumétricos.

$$Ratio\,MEG = \frac{9557\,mole/hr}{1.15 * 10^{-6}\,mole/hr} = 8310434782.61 \approx 8.3\,billion$$

Tabela 34 Valores da estimativa ao passar da escala de laboratório para a escala de planta (Tamura et al., 2015)

	Lab-scale	Plant-scale
Reactor size (m³)	0.0001	**85,000**
CO2 volumetric flow (mol/h)	0.0037	**31,000**
MEG production (mol/h)	1.15x10⁻⁶	**9,557**

Para ilustrar, o tamanho do reator seria igual a dois campos de futebol com dez metros de altura. Além disso, o fluxo de CO2 através do reator seria enorme. Pode-se concluir que com a cinética do experimento esta reação nunca se sustentaria em escala vegetal. Como o experimento é realizado em um pequeno reator de 10 mL, não é totalmente justo ampliar a reação para a escala da planta. Os cálculos fornecem uma estimativa aproximada. No restante desta seção, os cálculos serão negligenciados porque a empresa LLI já provou que conseguiu escalar a produção de MEG até a escala da planta. Infelizmente, não é possível dar uma olhada nos bastidores do LLI.

SEPARAÇÃO

O MEG pode ser purificado por destilação ou extração líquido-líquido (Garcia Chavez, 2012). Embora a destilação seja amplamente utilizada pela indústria, a destilação resultará em altos custos de energia. Além disso, o eletrólito KCl e o imidazólio estarão presentes na solução de MEG. O KCl já começa a inibir a polimerização do EG na concentração de 0,7 g/kg (Izutsu & Aoyagi, 2005) e com uma solubilidade do KCl no EG próxima de 100 kg/kg MEG (Wang et al., 2013), a destilação é desfavorável. Portanto, a extração líquido-líquido é preferida ao método de extração convencional.

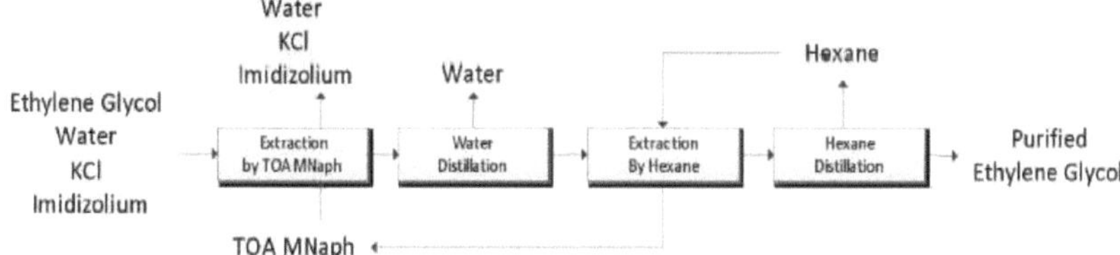

Figura 18 Visão geral esquemática da separação do MEG e do meio líquido (Garcia Chavez, 2013) Uma nova abordagem para remover MEG de correntes aquosas pode ser feita por uma extração líquido-líquido (LLE), Figura 18. Garcia Chavez (2013) propõe 2-metil-l-naftoato de tetraoctil amônio (TOA MNaph), Figura 19, que pode extrair MEG do fluxo de água que vem da eletrólise, como mostrado na figura acima. O MEG é extraído da água em uma coluna de extração. A corrente extraída contém MEG, TOA MNaph e alguma água co-extraída. Esta água co-extraída é removida por uma destilação de duplo efeito. Garcia Chavez (2013) argumenta que este método de separação exige menos energia do que uma única destilação. A corrente contendo MEG é então extraída em uma corrente de hexano. MEG é finalmente recuperado do hexano por evaporação do hexano. Garcia Chavez (2013) investigou um processo LLE para uma produção de 100-450 kton MEG/ano e concluiu que pode ser obtida uma poupança de energia de 94% em comparação com o método convencional.

Figura 19 Estrutura molecular do 2-metil-1-naftoato de tetraoctil amônio (TOA MNaph) (Garcia-Chavez et al., 2012)

Embora Garcia Chavez (2013) tenha realizado um estudo de caso em uma planta de MEG de 100 mil toneladas , os dados podem ser extrapolados para o EG derivado do digestor de 3,9 mil toneladas por ano. O custo de capital pode ser determinado com Coulson & Richardson (2005) e o custo operacional pode ser reduzido linearmente. Assim, o LLE consome 2.360 kWh/ton MEG e o custo de capital ascende a um total de 4,6 milhões de euros. Este valor é determinado através da afirmação de que o *Custo de Capital em Grande Escala* é de 32,26 M€ (Garcia Chavez, 2013):

$$Capital\ Cost\ Small\ Scale = Capital\ Cost\ Large\ Scale \cdot \left(\frac{Throughput\ Small\ Scale}{Throughtput\ Large\ Scale}\right)^{0.6} \qquad (16)$$

BALANÇO DE MASSA

Finalmente, o balanço de massa global é apresentado na *tabela abaixo*. O processo descrito nesta seção tem um aporte de 7,75 mil toneladas de CO2/ano e produz 4,75 mil toneladas de MEG, utilizando a eficiência faraday de 87%, conforme afirmado por Tamura et al. (2015).

Table 35 Balanço de massa da entrada e saída do sistema de produção de MEG.

	Input		Output	
	kmol/year	kg/year	kmol/year	kg/year
CO2	176,136	7,750,000	22,898	1,007,500
H2O	440,341	7,926,136	153,239	2,758,295
H2			57,244	114,489
O2			220,170	7,045,455
MEG			76,619	4,750,398
Total	616,477	15,676,136	530,170	15,676,136

RECEITAS E CUSTOS

RECEITAS

Tal como os produtos valiosos acima mencionados , as receitas de um produto valioso dependem dos produtos valiosos produzidos e do seu preço. Além disso, o oxigênio proveniente da hidrólise pode ser vendido. Este valor difere para cada produto valioso. O valor do MEG é estimado em 1050 €/tonelada (Ganesh, 2016). O oxigénio também pode ser vendido por 275€/ton. O MEG verde tem um valor superior ao MEG convencional, a partir do qual o preço é utilizado para calcular as receitas da tabela. A diferença é maior em comparação com as alternativas. A razão para isso é a alta demanda por MEG verde e o grande mercado. O preço do MEG verde está estimado em cerca de 1400€/tonelada (Ganesh, 2016). Portanto, as receitas são as seguintes.

Table 36 Fluxos de receita da planta MEG

	Amount produced (ton/year)	Revenues (M€/year)
MEG	4,750	4.63
Green MEG	4,750	6.65
Oxygen	4,900	1.31
Green Oxygen	4,900	2.00
Total	24,050	5.94
Total Green	24,050	8.65

CUSTOS DE CAPITAL

Os custos de capital são estimados combinando o custo de capital da eletrólise e da extração líquido-líquido. Os custos totais de capital fixo incluem os custos de concepção, construção, modificações e construção da central e foram estimados em 32,26 M€. Usando a "regra dos seis décimos" explicada na seção anterior, os custos totais de capital fixo para a planta de produção de 4.750 toneladas de MEG podem ser calculados. Para completar os custos de capital, somam-se os custos de aquisição do eletrolisador . Como são necessárias 881 toneladas de hidrogênio por ano para a produção de MEG de 4.750 toneladas por ano e a produção de um eletrolisador é de 380 toneladas de hidrogênio por ano, são necessários três eletrolisadores . Estes eletrolisadores têm *1* custos de capital de 1,5 M€ por eletrolisador , levando a *1* custos de capital totais de 9,68 M€.

Table 37 Custo de capital da planta MEG

	Article plant size	Chosen plant size
Liquid-Liquid Extraction	€32.26 million	€5.18 million
	CAPEX incl. electrolyzer	€9.68 million
	Depreciation cost per year	0.65 M€/year

CUSTOS OPERACIONAIS

Ao lado do custo operacional, o custo fixo de produção pode ser determinado utilizando a regra 0,6 de Coulson & Richardson (2005). Isso pode ser separado em custos de mão de obra e manutenção. Como este será um processo contínuo de processamento de fluidos, são necessárias 3 posições de turno por turno e com 8.000 horas por ano, são necessários 3 turnos. Isto resulta em 698.100€/ano com 15 colaboradores com um salário médio de 46.540€ cada. A manutenção é normalmente fixada em 3% do CAPEX para o processo de movimentação de líquidos, resultando num custo de manutenção anual de 0,138 M€. A água pode ser adquirida por € 0,36/m 3 (Zeijden et al., 2009) e assume-se que o cloreto de potássio como o imidazólio tem uma perda negligenciável ao longo de um período anual, sendo portanto excluído dos cálculos gerais. Isto resulta num custo operacional global de 2,7 M€.

Table 38 Custo operacional da planta MEG

	€/ton MEG
Employment cost	146.96
Maintenance	29.05
Water	391.64
OPEX per ton MEG	567.64
OPEX total	2.7 M€

CUSTOS DE ELETRICIDADE

Os custos de eletricidade concluem os custos da usina. A maior parte dos custos de electricidade diz respeito à parte da electrólise da água, que consome muita energia. Depois, há os custos de eletricidade para o funcionamento do LLE, os custos operacionais. No entanto, para comparar os diferentes produtos valiosos, estes foram excluídos da secção de custos operacionais e incluídos nesta secção. Por fim, a combustão do biometano fornece 1 MW de eletricidade, portanto este é subtraído da eletricidade necessária. Isto resulta num custo total de 1,81 M€ quando se utiliza energia regular e 3,76 M€ quando se utiliza energia verde, Tabela 39.

Table 39 Custo de eletricidade da planta MEG

	Amount (MW)	Cost (M€/year)	Cost green (M€/year)
Electricity for hydrogen production	5.09		
Electricity for operation	3.11		
(Electricity available)	(1.0)		
Total electricity needed	7.20	1.81	3.76

Table 40 Custo geral da planta MEG

	(M€/year)
CAPEX/year	0.65
OPEX/year	2.7
Electricity costs/year	1.81
Electricity costs/year green	3.76
Total costs	**5.16**
Total cost green	**7.10**

Table 41 Lucro bruto da planta MEG

	(M€/year)
Revenues	5.94
Revenues green	8.64
Cost	5.16
Cost green	7.10
Gross profit	**0.78**
Gross profit green	**1.54**

CAPÍTULO 6

COMPARAÇÃO DE MÉTODOS DE CONVERSÃO DE CO 2

Para o projeto da planta, é necessário escolher qual método será o mais promissor. Isto é feito em termos de viabilidade económica, portanto o fluxo de custos e receitas descrito em cada método de conversão é importante. Uma visão geral disto pode ser encontrada na Tabela 42.

Os portadores de custos mais importantes são a eletricidade, os custos operacionais e de depreciação. Quanto ao custo da eletricidade, este é elevado para o metano e o MEG. O elevado custo da produção de metano pode ser explicado pelas grandes necessidades de hidrogénio. Esse hidrogénio é produzido por eletrólise, que exige muita energia. Durante este processo, o oxigênio também é criado. O custo de energia para a produção de MEG se deve principalmente à etapa de extração líquido-líquido, que consome energia.

Outra importante transportadora de custos é o custo operacional, que é muito elevado para a produção de AF. Isto se deve principalmente ao catalisador caro e ao período de tempo em que ele precisa ser substituído. Olhando para o custo de capital e o seu correspondente custo de depreciação, o custo do processo de metanol é significativamente mais elevado do que todos os outros. Pode-se dizer que para isso o custo de capital é reduzido de um tamanho de planta que é quase 100 vezes maior, então o CAPEX não é preciso.

Para as receitas criadas pela venda dos produtos, é necessário ter em conta o produto de elevado valor produzido e o oxigénio. Para os diferentes processos, afirma-se que a venda de AF gera significativamente mais receitas do que outros, o que se deve à elevada produção e ao elevado preço de venda. Para o metano verifica-se o oposto, as receitas criadas são muito baixas devido a uma baixa produção e a um baixo preço de venda. Como dito, durante a eletrólise também se forma oxigênio que também pode ser vendido. O processo de produção de metano cria as maiores receitas devido às altas necessidades de hidrogênio. Deve-se notar que estas receitas são superiores às receitas criadas pela venda do próprio metano.

Ao olhar para o lucro que pode ser criado utilizando os limites do sistema em que se baseiam os custos e as receitas, este é o mais elevado para o AF e o metanol para o produto normal, bem como para o produto verde. Portanto, esses dois processos de produção são avaliados com mais detalhes. O metanol é também um produto com elevado potencial futuro, por exemplo como combustível (USDEa , 2016). Além disso, como foi dito anteriormente, o tamanho do reactor para a produção de MEG é irrealisticamente elevado e as receitas provenientes da criação do principal produto na produção de metano são muito baixas.

Table 42 Visão geral económica de todos os produtos valiosos sem CO2

			Methane	Methanol	Formic Acid	MEG
Revenues	Standard, No O_2	M€/year	0.57	1.93	11.13	4.63
	Green, No O_2	M€/year	0.82	2.77	15.99	6.65
	Standard, O_2	M€/year	3.18	2.11	1.21	1.31
	Green, O_2	M€/year	4.69	3.12	1.79	1.99
Cost	Operational	M€/year	0.22	0.31	9.23	2.70
	Standard, Electrical	M€/year	1.85	0.85	0.64	1.81
	Green, Electrical	M€/year	3.84	1.76	1.33	3.76
	Depreciation	M€/year	0.43	1.13	1.06	0.65

Total Revenues	Standard	M€/year	3.75	4.04	12.34	5.94
	Green	M€/year	5.51	5.89	17.78	8.64
Total Cost	Standard	M€/year	2.51	2.29	10.92	5.16
	Green	M€/year	4.49	3.20	11.61	7.10
Gross Profit	Standard	M€/year	1.24	1.76	1.42	0.78
	Green	M€/year	1.02	2.69	6.17	1.54

CAPÍTULO 7

ANÁLISE FINANCEIRA FINAL DE ÁCIDO FÓRMICO E METANOL

Foi fornecida uma análise financeira mais aprofundada para uma fábrica de produção de metanol e ácido fórmico na parte norte dos Países Baixos. Todos os valores das seções anteriores foram resumidos na Tabela 43. A partir desta tabela, o lucro bruto foi calculado para o produto padrão e o produto verde. O ácido fórmico verde parece ser o único produto financeiramente viável no atual estado da tecnologia e dos preços. Em contrapartida, a produção de metanol padrão e verde conduzirá a uma perda anual de 2,41 M€ e 1,47 M€, respetivamente. Nas seções seguintes, o tempo para atingir o ponto de equilíbrio e o retorno sobre o investimento (ROI) foram calculados. Além disso, foi apresentada uma análise de sensibilidade para observar o efeito da flutuação dos preços do metanol/ácido fórmico, da electricidade e do oxigénio.

Table 43 Lucro bruto de uma planta de metanol e ácido fórmico.

			Methanol	Formic Acid
Revenues	Standard	M€/year	4.04	12.34
	Green	M€/year	5.89	17.78
Cost	Digestion	M€/year	0.73	0.73
	Digestate handling	M€/year	0.51	0.51
	Purification	M€/year	2.44	2.44
	Combustion	M€/year	0.49	0.49
	Standard, Production	M€/year	2.29	10.92
	Green, Production	M€/year	3.20	11.61
Total costs	Standard	M€/year	15.09	6.46
	Green	M€/year	15.78	7.37
Gross Profit	**Standard**	M€/year	**-2.41**	**-2.76**
	Green	M€/year	-1.47	2.00

PONTO DE EQUILÍBRIO

Como se pode verificar no cálculo do lucro bruto apresentado no Quadro 43, não é possível alcançar uma situação de equilíbrio para o metanol e para o ácido fórmico padrão. Somente o ácido fórmico com certificado verde é viável na situação atual. O tempo até o ponto de equilíbrio ser atingido pode ser calculado com a seguinte fórmula:

$$Years\ until\ break-even\ = \frac{Capital\ investment}{\left(Revenue-(OPEX+CAPEX-depreciation\ costs)\right)year^{-1}} \tag{17}$$

$$Years\ until\ break-even\ = \frac{15.9\ M€}{17.78M€-(15.78-1.06M€)} = 5.2\ years \tag{18}$$

RETORNO DO INVESTIMENTO

O retorno do investimento (ROI) é um parâmetro importante para investir nesta planta ou em outro lugar. O ROI é definido como:

$$ROI = \frac{(Gain\ from\ investment - Costs\ of\ investment)}{Costs\ of\ investment} \qquad (19)$$

METANOL

Para o metanol, os custos de capital do investimento estão estimados em 16,95 M€. Isto é 1,13 M€ por ano, considerando uma amortização de 15 anos, Tabela 42. Os custos operacionais anuais do investimento são estimados em 6,46 M€ para a produção padrão e 7,37 M€ para a produção verde, Tabela 42. O ganho, ou receita , do investimento é estimado em 4,04 M€ por ano com o preço padrão e 5,89 M€ por ano para o preço verde, Tabela 43. Estes valores não consideram a flutuação dos preços que serão mencionados numa análise de sensibilidade na próxima secção .

$$ROI\ methanol\ (green) = \frac{4.04M€-(1.13M€+6.46M€)}{(1.13M€+6.46M€)} = -46.8\% \qquad (20)$$

$$ROI\ methanol\ (standard) = \frac{5.89M€-(1.13M€+7.37M€)}{(1.13M€+7.37M€)} = -30.7\% \qquad (21)$$

ÁCIDO FÓRMICO

Para o ácido fórmico, os custos de capital do investimento são estimados em 15,9 milhões de euros. Isto é 1,06 M€ por ano, considerando uma amortização de 15 anos, Tabela 42. Os custos operacionais anuais do investimento são estimados em 15,09 M€ para a produção padrão e 15,78 M€ para a produção verde, Tabela 43. O ganho, ou receita , do investimento estima-se que seja de 12,34 M€ por ano com o preço padrão e 17,78 M€ por ano para o preço verde (Tabela 43). Estes números não consideram a flutuação dos preços, que será mencionada numa análise de sensibilidade na próxima secção.

$$ROI\ formic\ acid(standard) = \frac{12.34M€-(1.06M€+15.09M€)}{(1.06M€+15.09M€)} = -23.6\% \qquad (22)$$

$$ROI\ formic\ acid(green) = \frac{17.78M€-(1.06M€+15.78M€)}{(1.06M€+15.78M€)} = 5.6\% \qquad (23)$$

ANÁLISE SENSITIVA

A análise acima descrita baseia-se na situação actual de uma fábrica na parte norte dos Países Baixos. Esses números dependem fortemente da flutuação dos preços do metanol e do ácido fórmico. Além disso, os preços da energia e as receitas do oxigénio mudarão ao longo do tempo. Por conseguinte, foi fornecida uma análise de sensibilidade com um intervalo de 25% a 150% dos preços actuais do metanol/ácido fórmico, da electricidade e do oxigénio. A análise de sensibilidade para o metanol é apresentada na Figura 20 e para o ácido fórmico na Figura 21. Espera-se que os preços do metanol e do ácido fórmico caiam no futuro devido ao aumento da atividade de captura de CO2. Isto torna uma planta menos viável numa perspectiva de longo prazo. Por exemplo, quando o preço de venda do ácido fórmico diminui 75%, o lucro diminui de 2 M€ positivos para 10,8 M€ negativos. Com esta perspectiva futura, é um jogo totalmente novo.

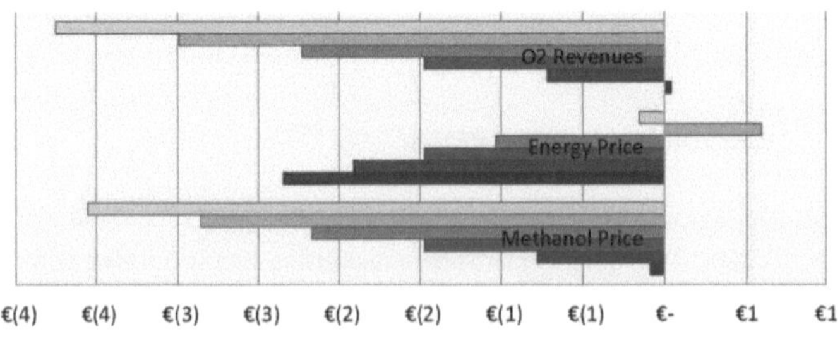

	Methanol Price	Energy Price	O2 Revenues
25%	€(3,55)	€(0,15)	€ -3,75
50%	€(2,86)	€0,59	€ -2,99
75%	€(2,17)	€(1,03)	€ -2,23
100%	€(1,47)	€(1,47)	€ -1,47
125%	€(0,78)	€(1,91)	€ -0,72
150%	€(0,09)	€(2,35)	€ 0,04

Figura 20 Lucro da Análise de Sensibilidade Metanol M€/ano

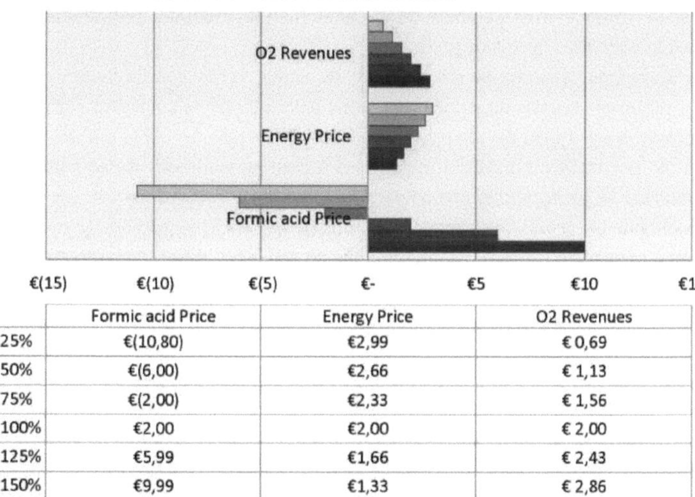

	Formic acid Price	Energy Price	O2 Revenues
25%	€(10,80)	€2,99	€ 0,69
50%	€(6,00)	€2,66	€ 1,13
75%	€(2,00)	€2,33	€ 1,56
100%	€2,00	€2,00	€ 2,00
125%	€5,99	€1,66	€ 2,43
150%	€9,99	€1,33	€ 2,86

Figura 21 Lucro da Análise de Sensibilidade Ácido Fórmico em M€/ano

CAPÍTULO 8

DISCUSSÃO

Como já mencionado, os valiosos produtos de FA e metanol foram escolhidos para investigação adicional. Isso se deve ao fato de o FA exigir a menor quantidade de energia em decorrência da menor quantidade de hidrogênio necessária no processo, quando comparado a outras opções. Além disso, o FA tem um valor mais elevado do que, por exemplo, o metano. O metanol foi escolhido porque parece ser um produto promissor no futuro e, portanto, pode ter alto valor, especialmente se for vendido como um produto verde. O MEG, embora de alto valor, não foi escolhido por estar em fase inicial de desenvolvimento e ter altos custos de produção.

Nas secções anteriores, assumiu-se que o preço de venda verde dos diferentes produtos é algo comparável e pode ser meramente aumentado numa determinada percentagem para todos os casos. Este foi escolhido como 144% devido à razão entre o MEG verde e o MEG padrão com esta escala. Isto foi utilizado por razões indicativas, mas não é o caso na realidade. Ao se aprofundar mais no assunto, encontram-se os seguintes preços padrão. O valor do metanol parece ser um pouco mais elevado na realidade e o mercado é grande. Isto indicou que a introdução de 5,2 mil toneladas /ano não perturbará o mercado e causará uma diminuição no preço devido à inundação do mercado. Além disso, o valor do metanol verde é promissor, pois está sendo considerado uma fonte alternativa de combustível, por razões ambientais. Portanto, o mercado poderá crescer substancialmente no futuro. No entanto, para FA, os valores parecem variar bastante. Ao investigar as variações de preços, tornou-se evidente que os preços nos mercados dos EUA e da Europa variam significativamente. De acordo com a IHS Markit (2016), o preço do AF na Europa ronda os 650 €/ton, enquanto nos EUA é de 1160 €/ton. Isto pode dever-se ao facto de a maioria dos maiores produtores de AF estarem situados na Europa. O preço deverá ser reajustado dependendo de onde o produto será vendido. O mercado também é muito menor que o mercado de metanol e é de apenas 0,62 Mt/ano. Ao introduzir 9,2kt no mercado, isto resulta num aumento de oferta de 1,5%, o que pode influenciar o preço de mercado se a procura do mercado não crescer também. Além disso, após a introdução do AF no mercado, outras empresas poderiam facilmente copiar o processo de produção e, assim, aumentar extensivamente a oferta de AF. Contudo, o ácido fórmico parece ser um produto promissor no que diz respeito à substituição de combustíveis e células de combustível, portanto esta procura poderá aumentar significativamente no futuro. Isto é apoiado por Finn et al., (2012), que afirmaram que: "Uma avaliação da utilização de CO2 pela Det Norske Veritas para o seu processo ECFORM sugere que o FA forneceria o valor monetário mais elevado a partir da energia necessária para formar este produto, em contraste com os alvos mais comuns de *metanol e metano.*

Table 44 Visão geral dos vários preços de matérias-primas por região

	Global market size (Mt/year)	Market segments	Price/ton	Reference
Methanol	75	Polyolefin production and alternative fuel	€ 371	Huang & Tan, 2014
			€ 450	Methanex, 2017
FA	0,62	Pesticide, leather, dyes, pharmaceuticals and rubber industries animal feedstock	$ 1200	Ganesh, 2016
			$ 650	Pérez-Fortes et al., 2016

No entanto, isto não aborda o facto dos preços verdes. Estes valores são difíceis de obter, pelo que o preço mínimo de venda foi determinado e comparado com os preços normais. Isto dá uma indicação se o produto pode ser produzido de uma maneira viável. Além disso, para que um produto seja rotulado como "verde", o produto deve utilizar energia verde durante todo o processo. Consequentemente, os preços renováveis são utilizados para o produto verde valioso. Caso contrário, não será possível obter um preço pedido mais elevado.

Uma última observação sobre os processos de ambos os produtos valiosos é em relação ao excesso de calor. Ambas as reações são exotérmicas e emitem uma grande quantidade de calor. Este deverá ser removido do sistema para não superaquecer e permanecer controlado. Além disso, é necessária uma maior entrada de energia devido ao resfriamento do reator. Portanto, se o calor pudesse ser utilizado de alguma forma, isso seria benéfico, pois a partir de agora é apenas desperdiçado. Ao utilizá-lo, os custos de resfriamento seriam reduzidos e outra possível receita poderia ser obtida. Pode, por exemplo, ser utilizado para aquecimento urbano de edifícios residenciais ou indústrias vizinhas.

ÁCIDO FÓRMICO

O maior contribuinte para os elevados custos operacionais do processo FA é devido aos caros catalisadores utilizados. Os consumíveis representam 68% dos custos operacionais totais, dos quais os catalisadores são significativamente mais caros. Ao, por exemplo, reduzir para metade os custos dos consumíveis, os custos diminuirão em 3,15 milhões de euros/ano. Portanto, ser capaz de encontrar um catalisador adequado mais barato seria muito benéfico para o processo. Os actuais catalisadores são à base de ruténio e fosfina e os respectivos preços são de 210.000 €/kg <; ataiyst e 84.900 €/ kg ca taiy S t - Ao avaliar as referências destes preços, parece muito questionável. A referência (Sigma-Aldrich, 2017) indica que o catalisador pode ser adquirido em embalagens de vidro de 1 e 1,5g, e parece que os autores apenas multiplicaram esta quantidade para obter o preço por kg. Na realidade não é o que acontece, pois o produto será transportado a granel, em contentores maiores e deverá haver preços mais baixos a granel. Ao avaliar outras fontes, o preço de compra do catalisador de ruténio a granel, o preço é de 8.091 $/ kg C ataiyst (7.500 €/ kgcataiyst)_ (Molbase , 2017). Isso é aproximadamente 28 vezes mais barato. Ao fazer isso também para o catalisador de fosfina, o preço é de 5.205 $/ kgcataiyst ou 4.830 €/ kgcataiyst (Molbasea , 2017). Isso é 17,8 vezes mais barato. Se for este o caso, os custos com consumíveis deverão ser reduzidos em 5,35 M€/ano. Estas diferenças esmagadoras nos custos operacionais não devem passar despercebidas. Como resultado disto, o ponto de equilíbrio recentemente determinado é de 650 €/tonelada de FA. Além disso, o ruténio é frequentemente utilizado na conversão de CO2 em FA, mas nem sempre é combinado com fosfina. Outras combinações com carvão ativado e Al2O3 também produzem alto rendimento de FA. Portanto, não se deve limitar-se a esta combinação catalítica, antes de avaliar caminhos alternativos (Hao et al., 2011). Por último, também deverá ser avaliada a disponibilidade destes catalisadores, quando estes forem necessários em quantidades elevadas em operações futuras.

Como já mencionado, o mercado de FA não é tão grande. Portanto, se esta quantidade for introduzida no mercado, os preços serão ligeiramente afetados caso a procura não tenha aumentado. O preço de venda também difere bastante entre os EUA e a Europa; portanto, será utilizado o preço indicativo do nosso processo, para definir um preço de equilíbrio. A maioria dos mercados atendidos pela FA estão razoavelmente estabelecidos, Tabela 44, no entanto, a futura tecnologia de célula de combustível parece promissora. Se o AF for introduzido nas células de combustível, a procura de AF aumentará 5Mt/ano apenas na Europa (Finn et al., 2012; Ganesh, 2016). Portanto, deve-se avaliar a tecnologia das células de combustível e o seu progresso antes de introduzir tal planta no mercado. Se tal tecnologia se tornar relevante, o mercado poderá crescer dramaticamente. Se a procura não for um problema, o preço de venda do nosso produto verde é fixado em 1206€/tonelada, com uma margem de lucro de 12%, aumentando a sua atratividade económica. Um aspecto importante a considerar é que se o negócio das células de combustível se tornar atraente para muitas partes, então o preço de venda também poderá diminuir significativamente, se o mercado de AF for inundado com oferta. Apesar do fato de a reação do ácido fórmico ser exotérmica, o reator ainda precisa ser aquecido, pois o conteúdo é resfriado rapidamente. Como o conteúdo do reator deve ser mantido a 90°C para reagir de forma ideal, uma corrente de 110°C é usada para aquecê-lo. No cálculo do custo é utilizada uma entrada de 300 kW, porém, devido ao excesso de calor do processo de combustão e do processo de reação, não há necessidade de compra de energia. Em vez disso, pode ser redirecionado para o reator, a fim de manter uma temperatura benéfica, portanto, os custos operacionais diminuirão.

METANOL
De acordo com os cálculos deste relatório, a produção de metanol a partir de CO2 e H2 é rentável tanto no cálculo com preços verdes como com preços convencionais. No entanto, isto vale para o próprio processo de produção de metanol. Quando a planta total é levada em conta, a planta de metanol não é mais viável. O lucro verde é estimado em 2,69 milhões de euros/ano e o lucro utilizando preços convencionais em 1,76 milhões de euros/ano. O metanol também foi escolhido como um dos produtos valiosos mais promissores . Apesar destes resultados positivos, existem algumas notas críticas na via do metanol, que serão discutidas nesta seção.
A primeira observação crítica que poderia ser feita na estimativa dos custos de capital para a planta de produção de metanol é a redução da escala. Os custos de capital de cada um dos produtos valiosos são reduzidos para uma entrada de 7.750 toneladas de CO2 a partir de um artigo com uma produção de metanol de 5.200 toneladas. Enquanto os demais foram reduzidos com fator 1,1, 1,3 ou 20,1, para metano, ácido fórmico e MEG, respectivamente, o metanol foi reduzido com fator 84,6. Conforme descrito anteriormente no relatório, a regra dos seis décimos foi aplicada para tornar a redução tão precisa quanto possível. Contudo, quanto maior for o fator de redução, menos precisa será a estimativa dos custos de capital. A eletricidade necessária para a produção de metanol também foi estimada usando downscaling linear. Este é um método de estimativa impreciso para plantas tão grandes. Isto torna o cálculo da quantidade de energia necessária pouco confiável.
Os problemas descritos para a planta de ácido fórmico, como o tamanho do mercado e o preço dos catalisadores, não serão tão grandes para a planta de metanol. O tamanho do mercado de metanol era de 75 milhões de toneladas em 2014 (Huang e Tan, 2014). A produção de 5.200 toneladas da planta teria, portanto, uma participação de mercado de cerca de 0,03%. Esta fração não desregulamentaria o mercado. Além disso, existem planos para aumentar ainda mais o mercado do metanol, de acordo com a "Economia do Metanol", do vencedor do Prémio Nobel, George Olah . Ele descreve o metanol como "não uma fonte de energia, mas apenas uma *forma conveniente de armazenar, transportar e utilizar qualquer forma de energia"* (Olah et al., 2011).
O preço do catalisador não será um problema para a planta de metanol, já que o Al2O3 baseado em Cu/ ZnO é conhecido como um catalisador abundante e, portanto, barato (Huang e Tan, 2014). As críticas sobre a produção de calor na produção de metanol são, ao contrário, também um ponto de crítica para a planta de metanol, uma vez que a reação também é exotérmica. O mesmo argumento vale para a planta de ácido fórmico.

CAPÍTULO 9

CONCLUSÃO

Neste relatório foi proposto um sistema de conversão do CO2, proveniente do biogás, em produtos valorizados. A escala do sistema foi apontada para uma produção de 1 MW de energia elétrica a partir da combustão do biogás atualizado. Todo o sistema contém o seguinte:

- Digestão anaeróbica de esterco de vaca em biogás
- Processamento do digerido bruto
- Atualização do fluxo de biogás
- Combustão do biogás atualizado
- Conversão de CO2 em produtos valiosos

Quanto à disponibilidade de estrume de vaca, foram analisadas as três províncias neerlandesas, Frísia, Groningen e Drenthe, e descobriu-se que eram necessárias 141.500 toneladas de estrume de vaca por ano para o sistema. Num processo de quatro fases (hidrólise, acidogénese, acetogénese e metanação), este estrume pode ser digerido para gerar 6.775.000 m 3 de biogás bruto/ano. O digerido restante tem um teor relativamente elevado de fosfato e as regulamentações holandesas para o despejo de fosfato são violadas se o digerido bruto não tratado for descartado. Portanto, o sistema inclui uma etapa de recuperação de estruvita, na qual o fosfato é recuperado na forma de estruvita. O digerido restante pode ser despejado no solo sem ultrapassar os limites governamentais de fosfato.

A composição do biogás é 59,9% em volume de CH2, 40% em volume de CO2 e 0,1% em volume de H2S. Como o equipamento de combustão é bastante sensível ao H2S, este deve ser separado do biogás antes da etapa de combustão. A adsorção em carvão ativado foi considerada o método mais eficaz para fazê-lo.

Decidiu-se também purificar o biogás antes da etapa de combustão, separando assim o CO2 por absorção por oscilação de pressão. A captura de CO2 antes da combustão era desejada em vez da captura após a combustão, uma vez que a pré-captura resultaria em um fluxo de saída de CO2 mais puro e um processo de captura mais fácil. Além disso, a combustão do biogás melhorado tem uma eficiência superior à combustão do biogás bruto. Isto foi concluído após modelar ambas as situações em Aspen.

A conversão do biogás melhorado em energia consiste em duas partes: combustão dos gases de combustão e geração de eletricidade numa turbina a vapor. Numa base anual, descobriu-se que 4,8 mil toneladas de biogás eram necessárias para uma produção de energia de 1 MW.

Da etapa de atualização do biogás, são extraídas 10,1 mil toneladas de CO2 por ano. Foram avaliadas diversas opções para a conversão deste CO2 verde: conversão em metano, ácido fórmico, metanol e etilenoglicol. Para cada uma dessas opções é necessária uma etapa de hidrólise para a produção de H2. Esta foi considerada a etapa mais cara e que exige energia. Digno de nota é que a quantidade total de energia produzida pela combustão do biogás melhorado não foi suficiente para a conversão de CO2 em qualquer produto valioso. Portanto, para manter o carácter verde do produto final, deve ser comprada ou gerada energia verde adicional. Isso poderia ser feito por moinhos de vento ou painéis solares. Por último, a produção de ácido fórmico foi considerada mais lucrativa, em comparação com os outros produtos finais.

No entanto, a instalação de uma planta a partir de esterco de vaca em direção a ácido fórmico e calor como produtos apresenta alguns grandes riscos. O tamanho do mercado do ácido fórmico é pequeno, os preços do ácido fórmico podem flutuar fortemente e a disponibilidade dos catalisadores são alguns desses riscos. Apesar de um ROI promissor, uma análise de sensibilidade mostrou que as probabilidades de fracasso económico são elevadas devido à flutuação dos preços do ácido fórmico.

A fábrica poderia ajudar a alcançar o acordo climático de Paris, apesar destes riscos financeiros e investimentos.

CAPÍTULO 10

BIBLIOGRAFIA

Adib , F., Bagreev , A., & Bandosz , TJ (2000). Análise da relação entre capacidade de remoção de H2S e propriedades superficiais de carvões ativados não impregnados. https://doi.org/10.1021/ES990341G

Afshar, A. (2014). Perfil Químico: Ácido Fórmico. Recuperado em 13 de abril de 2017, em https://www.icis.com/resources/news/2006/07/26/2015258/chemical-profile-formic-acid/

AHDB. (2013). *Holanda - Gado. Relatório do país.* Obtido em www.ahdb.org.uk

Allegue , L., Hinge, J., & Alle , K. (2012). *Atualização de biogás e biossíntese. Instituto Tecnológico Dinamarquês.* Aarhus. Obtido em http://www.teknologisk.dk/_root/media/52679_report-biogas and syngas upgrade.pdf

Andriani , D., Wresta , A., Atmaja , TD, & Saepudin , A. (2014). Uma revisão sobre otimização da produção e atualização de biogás por meio da remoção de CO2 usando várias técnicas. *Bioquímica Aplicada e Biotecnologia, 172(4),* 1909-1928. https://doi.org/10.1007/sl2010-013-0652-x

Ansari, A., Bagreev , A., & Bandosz , TJ (2005). Efeito da composição adsorvente na remoção de H2S em materiais à base de lodo de esgoto enriquecidos com fase carbonácea. *Carbono, 43(5),* 1039 1048. https://d0i.0rg/1 0.1016/j.carbon.2004.11.042

Awe, OW, Zhao, Y., Nzihou , A., Minh, DP, & Lyczko , N. (2017). Uma revisão das tecnologias de utilização , purificação e atualização de biogás. *Valorização de Resíduos e Biomassa, 8(2),* 267-283. https://d0i.0rg/l0.1007/s12649-016-9826-4

PA. (2016). Revisão Estatística da Energia Mundial. Recuperado em 13 de abril de 2017, em https://www.bp.com/content/dam/bp/pdf/energy-economics/statistical-review-2016/bp-statistic-review-of-world-energy-2016-full -relatório.pdf

CBS. (2017). Dierlijke melhor ; produção pt mineralenuitscheiding ; categoria diferente , região . Recuperado em 13 de abril de 2017, de http://statline.cbs.nl/Statweb/publication/?DM=SLNL&PA= 82505 NED&Dl = 0&D2=0- 1 %2C9%2C 12%2C 17&D3=5-16&D4= 1&HDR=G3&STB=G 1 %2CT%2CG2&VW =T

CBSa . (2017). Landbouw ; gewassen , dieren pt grondgebruik naar região . Recuperado em 13 de abril de 2017, em http://statline.cbs.nl/Statweb/publication/? DM=SLNL&PA= 80780ned&Dl=419- 441,460-483&D2=0,13&D3=0,5,10,14-16&HDR=Gl, G2&STB= T&VW=T

CBSb . (2014). *Wettelijke normandos para o uso de Meststoffen* . Wageningen. Obtido em http://www.clo.nl/indicatoren/nl0400-wettelijke-normen-meststoffen

CBSc . (2017). Aardgas pt eletricidade , gemiddelde prijzen van eindverbruikers . Recuperado em 13 de abril de 2017, em http://statline.cbs.nl/statweb/publication/?dm=slnl&pa=81309ned&dl=0-1,5,8,12,15 &d2=0&d3=0&d4=4,9,14 ,(1-6)- l&hdr = t&stb =g2,g3 , gl & vw =t

Químico . (2012). Oxigênio. Recuperado em 13 de abril de 2017, de http://www. chemicool , com/elements/oxygen.html

Choo, HS, Lau, LC, Mohamed, AR e Lee, KT (2013). Adsorção de sulfeto de hidrogênio por carvão ativado com casca de coco impregnada com alcalino. *Jornal de Ciência e Tecnologia de Engenharia,* 8(86), 741-753. Obtido em http://jestec.taylors.edu.my/Vol 8 Edição 6 13 de dezembro/Volume (8) Edição (6) 741-753.pdf

Clausen, LR, Houbak , N., & Elmegaard , B. (2010). Análise tecnoeconômica de uma planta de metanol baseada na gaseificação de biomassa e eletrólise de água. *Energia,* 35(5), 2338-2347.

https://d0i.0rg/l 0.1016/ j.energy .2010.02.034

Collet, P., Flottes , E., Favre, A., Raynal , L., Pierre, H., Capela , S., & Peregrina, C. (2017). Avaliação tecnoeconómica e do ciclo de vida da produção de metano através da modernização do biogás e da tecnologia power to gas. *Energia Aplicada, 192,* 282-295. https://d0i.0rg/l 0.1016 / j.apenergy.2016.08.181

Coulson, JM e Richardson, JF (2005). *Coulson & Engenharia Química de Richardson.* (RK Sinnott, Ed.) (6ª ed.). Elsevier Butterworth-Heinemann. Recuperado de https://app. knovel.eom/web/toc.v/cid:kpCRCEVCE2/

Cuellar, AD e Webber, ME (2008). Energia das vacas: os benefícios energéticos e de emissões da conversão de esterco em biogás. *Cartas de Pesquisa Ambiental, 3(3),* 34002. https://doi.Org/10.1088/1748-9326/3/3/034002

DBO. (2013). CO2 Neutro Organização . Recuperado em 13 de abril de 2017, de http://www. duurzamebedrijfsvoeringoverheden.nl/themas/CO2-neutraal.html

E. Ghafoori , E. e PC Flynn, PC (2007). Otimizando o Tamanho dos Digestores Anaeróbicos. *Transações da ASABE, 50(3),* 1029-1036. https://doi.org/10.13031/2013.23143

EBA. (2015). *Casos de Sucesso – Boas Práticas e Inovações na Indústria do Biogás.* Obtido em http://european-biogas.eu/wp- content/uploads/2015/ 03 / eba_sucess_stories . comprimido. pdf

Rótulo ecológico. (2017). Índice de rótulo ecológico. Recuperado em 13 de abril de 2017, de http://www. índice de rótulo ecológico. com/ecolabels/

Energético . (2016). Windmolens draaien op subsidi , mas die lijkt foi melhor . Recuperado em 13 de abril de 2017, em http://www.energiebusiness.nl/2016/02/19/windmolens-draaien-op-subside/

Comissão Europeia. (2016). Acordo de Paris. Recuperado em 13 de abril de 2017, em https://ec.europa.eu/ clima /policies/ intemational /negotiations/ paris_en

Ganesha, I. (2016). Conversão eletroquímica de dióxido de carbono em combustíveis químicos renováveis - O papel dos nanomateriais e a comercialização. *Avaliações de Energia Renovável e Sustentável, 59,* 1269-1297. https://doi.Org/10.1016/j.rser.2016.01.026

Garcia Chávez, LY (2013). *Solventes de design para extração de glicóis e álcoois de correntes aquosas.* Technische Universitéit Eindhoven. https://doi.org/10.6100/IR747583

GásUnie . (2017). Qualidade e medição do gás. Recuperado em 13 de abril de 2017, em https://www. gasunietransportservices.nl/en/connected-party/gas-quality-and-metering

Gebrezgabher , SA, Meuwissen , MPM, & Oude Lansink , AGJM (2010). Custo de produção de biogás em fazendas leiteiras na Holanda. *Jornal Internacional sobre Dinâmica do Sistema Alimentar, 1(1),* 26-35. Obtido em http://ageconsearch.tind.io//bitstream/91139/2/3-Meuwissen-OAJ.pdf

Giesen , A. (1999). O processo de cristalização permite a remoção de fosfato ecologicamente correta a baixo custo. *Tecnologia Ambiental, 20(7),* 769-775. https://doi.org/10.1080/09593332008616873

Griffiths, G., McHugh, A. e Schiesser , W. (2008). Um modelo global introdutório de CO2. *Química e Bioquímica.* Obtido em http://hrcak.srce.hr/file/39105

Holladay, JD, Hu, J., King, DL e Wang, Y. (2009). Uma visão geral das tecnologias de produção de hidrogênio. *Catálise Hoje, 139(4),* 244-260. https://doi.Org/10.1016/j.cattod.2008.08.039

Jechura , J. (2015). Introdução às Tecnologias Energéticas. Recuperado em 13 de abril de 2017, em http://inside.mines.edu/~jjechura/EnergyTech/

Jongeneel , RA, Polman , NBP e Slangen , LHG (2008). Porque é que os agricultores holandeses estão a tornar-se multifuncionais? *Política de Uso da Terra, 25(1),* 81-94. https://d0i.0rg/l 0.1016/j . landusepol . 2007.03.001

Langas , HG (2015). Produção de Hidrogênio em Grande Escala. Recuperado em 13 de abril de 2017, em http://www. sintético. não/ contentassets/9b9c7b67d0dc4fbf9442143flc52393c/ 9-produção de hidrogênio em larga escala-henning-g.-langas-nel-hydrogen.pdf

Lau, LC, Nor, NM, Mohamed, AR e Lee, KT (2013). Adsorção de sulfeto de hidrogênio usando carvão ativado com casca de palma: um estudo de otimização usando análise estatística. *Jornal Internacional de Pesquisa em Engenharia e Tecnologia,* 2(8), 302-311. Obtido em http://esatjoumals.net/ijret/2013v02/i08/IJRET20130208048.pdf

Le Corre , KS, Valsami -Jones, E., Hobbs, P., & Parsons, SA (2009). Recuperação de fósforo de águas residuais por cristalização de estruvita: uma revisão. *Revisões Críticas em Ciência e Tecnologia Ambiental, 39(6),* 433-477. https://doi.org/10.1080/10643380701640573

Licht, S., Wang, B., Mukeiji , S., Soga, T., Umeno , M., & Tributsch , H. (2001). Mais de 18% de conversão de energia solar em geração de combustível hidrogênio; teoria e experimento para divisão eficiente da água solar. *Jornal Internacional de Energia de Hidrogênio, 26(7),* 653-659. https://d0i.0rg/l 0.1016/S0360-3199(00)00133-6

Lorimor , J., Powers, W., *M* Sutton, A. (2004). *Características do estrume* (1ª ed.). Universidade Estadual dc Iowa. Obtido em https://www-mwps.sws.iastate.edu/catalog/manure-management/manure-characteristics

Mercados e Mercados . (2014). *Mercado de ácido fórmico por tipos, aplicação e mercado Geografia – 2019 Mercados e Mercados* . Obtido em http://www.marketsandmarkets.com/Market-Reports/formic- acid-Market-69868960.html

MijnWetten.nl. (nd). Meststoffen molhado . Recuperado em 13 de abril de 2017, de http://mijnwetten.nl/meststoffenwet / hoofdstuk8/titel2/paragraaf2

NEL Hidrogênio. (2017). Nel A - Eletrolisador Atmosférico . Recuperado em 13 de abril de 2017, em http://nelhydrogen.com/product/electrolyser/

OWS. (2011). *Avaliação dos vergisters na Holanda.* Bélgica . Obtido em http://www.rvo.nl/sites/default/files/bijlagen/Evaluatie van de vergisters in Nederland , novembro de 2011.pdf

Estado de Penn . (2017). Digestão anaeróbica. Recuperado em 13 de abril de 2017, em https://www.e-education. psu.edu/egee439/node/727

Perez-Fortes, M., Schoneberger , JC, Boulamanti , A., & Tzimas , E. (2016). Síntese de metanol utilizando CO2 capturado como matéria-prima: Avaliação técnico-econômica e ambiental. *Energia Aplicada, 161,* 718-732. https://doi.Org/10.1016/j.apenergy.2015.07.067

Ronsch , S., Schneider, J., Matthischke , S., Schluter, M., Gotz , M., Lefebvre, J., ... Bajohr , S. (2016). Revisão sobre metanação - Dos fundamentos aos projetos atuais. *Combustível, 166,* 276-296. https://d0i.0rg/l 0.1016 / j.fuel.2015.10.111

Schaub, T., Fries, DM, Paciello, R., Mohl , K.-D., Schafer, M., Rittinger , S., & Schneider, D. (2010). US8791297 - Processo para preparação de ácido fórmico por reação de dióxido de carbono com hidrogênio. Basf Se. Obtido em https://www.google.com/patents/US8791297

Solantausta , Y., Nylund , N.-O., & Gust, S. (1994). Uso de óleo de pirólise em um motor diesel de teste para estudar a viabilidade de um conceito de usina a diesel. *Biomassa e Bioenergia, 7(* 1-6), 297 306. https://doi.org/!0.1016/0961 -9534(94)00072-2

Solantausta , Y., Nylund , N.-O., Westerholm , M., Koljonen , T., & Oasmaa , A. (1993). Óleo de pirólise de madeira como combustível em uma usina a diesel. *Tecnologia de recursos biológicos, 46 (* 1-2), 177-188. https://d0i.0rg/l 0.1016/0960-8524(93)90071-I

Soluções4Energia. (2017). Estrume de gado ao poder. Recuperado em 13 de abril de 2017, em http://www.s4e.co.in/waste_cattle_dung.php

Turner, J., Sverdrup, G., Mann, MK, Maness, P.-C., Kroposki , B., Ghirardi , M., ... Blake, D. (2008). Produção de hidrogénio renovável. *Jornal Internacional de Pesquisa Energética,* 32(5), 379-407. https://d0i.0rg/l0.1002/er. 1372

Ueno, Y. e Fujii , M. (2001). Três anos de experiência na operação e venda de estruvita recuperada de uma planta em grande escala. *Tecnologia Ambiental,* 22(11), 1373-1381. https://doi.org/10.1080/09593332208618196

Ukpai, PA e Nnabuchi , MN (2012). Estudo comparativo da produção de biogás a partir de esterco de vaca, feijão-fradinho e casca de mandioca em digestor de biogás de 45 litros . *Avanços na Pesquisa Científica Aplicada,* 3(3), 1864-1869. Obtido em www.pelagiaresearchlibrary.com

USDA. (2007). *Uma análise dos custos de produção de energia de sistemas de digestão anaeróbica em instalações de produção pecuária nos EUA.* Obtido em http://www. agmrc.org/media/cms/manuredigesters_F C5C31F0F7B78.pdf

USDE. (2016). *Série de fichas técnicas de tecnologia combinada de calor e energia: Turbinas a vapor.* Obtido em https://energy.gov/sites/prod/files/2016/09/f33/CHP-Steam Turbine.pdf

Vaneeckhaute , C., Lebuf , V., Michels , E., Belia, E., Vanrolleghem , PA, Tack, FMG, & Meers , E. (2017). Recuperação de nutrientes do Digestado: revisão sistemática de tecnologia e classificação de produtos. *Valorização de Resíduos e Biomassa,* 8(1), 21-40. https://doi.org/10.1007/sl2649-016-9642-x

Vyas, AP, Verma, JL e Subrahmanyam, N. (2010). Uma revisão sobre os processos de produção FAME. *Combustível,* 89(1), 1-9. https://doi.0rg/10.1016/j.fuel.2009.08.014

Zeng, K. e Zhang, D. (2010). Progresso recente na eletrólise de água alcalina para produção e aplicações de hidrogênio. *Progresso em Energia e Ciência da Combustão,* 36(3), 307-326. https://doi.0rg/10.1016/j.pecs.2009.ll.002